JN437681

천연물 추출 및 분리 분석

Natural Substance Extract and Separation Analysis

강성호 · 이영아 · 오혁근
최희욱 · 황기준 공저

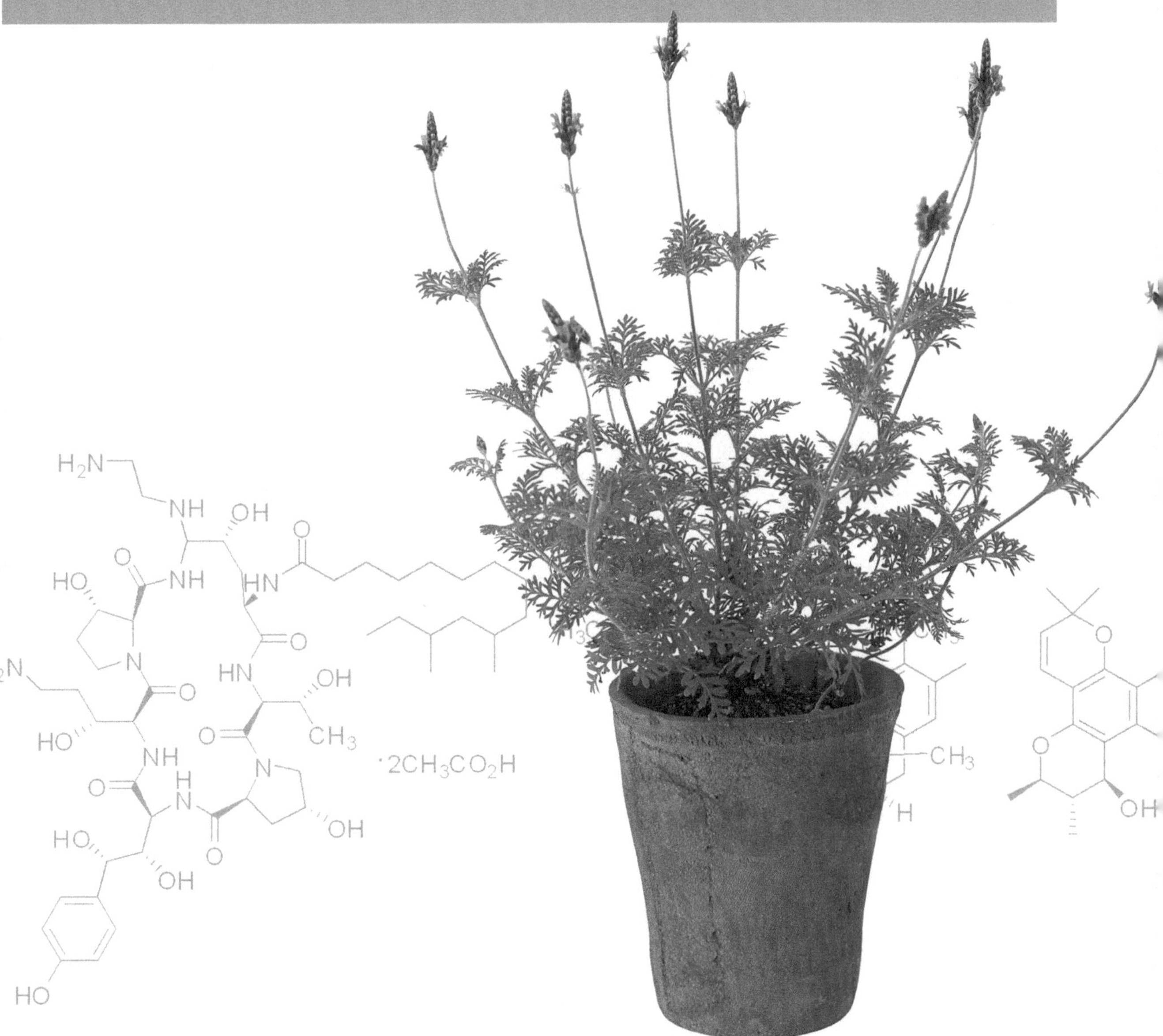

저자 서문

지방대학혁신역량강화사업(NURI) 중 하나인 “첨단과학기술을 이용한 한방산업인력 양성사업팀(iHERB)”의 사업의 일환으로 ‘천연물 추출 및 분리 분석’ 교재를 제작하게 되었다. 이러한 콘텐츠 개발은 학생들에게 보다 체계적이고 과학적이며 현장중심적인 교재를 제공함을 목적으로 하였다.

본 교재는 천연물의 추출 과정과 분리·분취 방법에 대한 실질적인 관련 내용 및 이론을 1장부터 4장에 수록하였으며, 이들 이론을 바탕으로 간단하고도 체계적으로 실험을 진행할 수 있도록 5장의 3편의 종합 실험으로 구성하였다. 이러한 교재의 내용은 천연물의 체계적 과학적 연구에 충분한 밑바탕이 될 수 있을 것으로 생각되며, 향후 본 교과목의 강의와 실험을 통해 학생들의 현장 적응 능력이 배양되고 강화될 것을 믿어 의심치 않는다.

마지막으로, 6개월의 짧은 기간에 새로운 교재를 제작한다는 것은 “불가능 그 자체”였다. 하지만 교재 개발을 책임진 한 사람으로 이 기간내에 결실을 맺게 해 준 모든 공동 저자들에게 감사의 말을 전하고 싶다. 그러나 무엇보다 아쉬운 것은 짧은 제작 기간이었다. 학기 중에 시작된 제작 기간은 교재 개발에 전념하기에 많은 장해물에 부딪히게 되었다. 비록 6개월의 약속한 기간이 지났지만 다음 사업 기간에는 본 교재를 수정·보완을 하여 지방대학혁신역량강화사업(NURI)인 “첨단과학 기술을 이용한 한방산업인력양성사업팀(iHERB)"에서 본 과목을 수강하는 모든 학생들과 그 외의 모든 학생에게 실질적인 도움을 줄 수 있는 교재로 다시 태어날 수 있는 기회가 오기를 소망해 본다.

2007년 5월 7일

저자 대표

차 례

001 천연물 화학이란?

1-1 천연물 화학의 소개

1 천연물의 정의 및 분류

천연물 화학이란 천연에 존재하는 자원으로부터 생물활성이 우수한 물질을 분리, 정제하고 이들의 화학 구조를 결정하고, 궁극적으로 이 물질들을 이용하여 인간의 질병 및 삶의 질을 향상시키는 분야에 응용하는 연구를 수행하는 학문 분야이다. 이전에는 주 연구 대상으로서 식물을 연구하여 왔으나 현재는 미생물, 동물 등 자연에 존재하는 모든 것을 대상으로 하고 있다. 뿐만 아니라 육상 생물과 해양 천연 자원까지도 연구의 대상에 포함하고 있다.

천연물 화학은 연구 분야가 매우 광범위하기 때문에 연구의 대상 및 목적에 따라서 다양한 학분 분야에서 연구가 이루어지고 있으며, 연구의 결과들은 상호 분야간에 교류된다. 고전적 의미에서 천연물을 분리하고 정제하여 해당 생물활성을 연구하는 약학 분야, 도출된 물질의 구조를 합성화학으로 변형하여 활성 및 독성 측면에서 최적화를 목적으로 하는 화학 분야, 천연물 생산원의 생합성 등을 조절하는 유전자의 조작을 통하여 생성물의 생산 증대를 목적으로 하는 생물 유전 공학적 연구 분야 등이 여기에 속한다.

천연물은 크게 일차 혹은 이차 대사산물로 분류할 수 있고, 천연물 화학에서는 주로 이차 대사산물이 그 연구의 대상이지만, 일차 대사산물일지라도 특정 생물활성을 나타내는 경우 연구 대상에 포함될 수 있다. 이차 대사산물은 생명 유지 및 발육 번식에는 필수적이지 않지만 특정 생물체의 특정 조직이나 기관에 편중되어 존재하며, 어느 순간에 고유한 기능을 수행하는 물질로서 그 구조가 복잡하고 매우 다양한 생물활성을 가지는 것으로 알려져 있다. 이차 대사산물에는 구조적 특징에 따라서 alkaloid, terpenoid, flavonoid 등의 물질들로 분류할 수 있다.

지금까지 우리에게 익숙한 천연물로서는 양귀비의 성분 물질인 모르핀, 버드나무의 성분 물질로부터 개발된 아스피린, 주목에서 추출된 항암제인 탁솔, 마황의 성분 물질인 에페드린 등과 같은 의약품과 대표적인 항산화 물질인 레스베라트롤(resveratrol), 천연 농약인 파이레스린 및 천연 색소인 식코닌 등을 들 수 있다(그림 1-1). 이 중 인간 질병의 치료를 목적으로 하는 의약품의 개발 분야가 연구 범위가 넓고 부가가치가 높아 가장 활발하게 연구되고 있다.

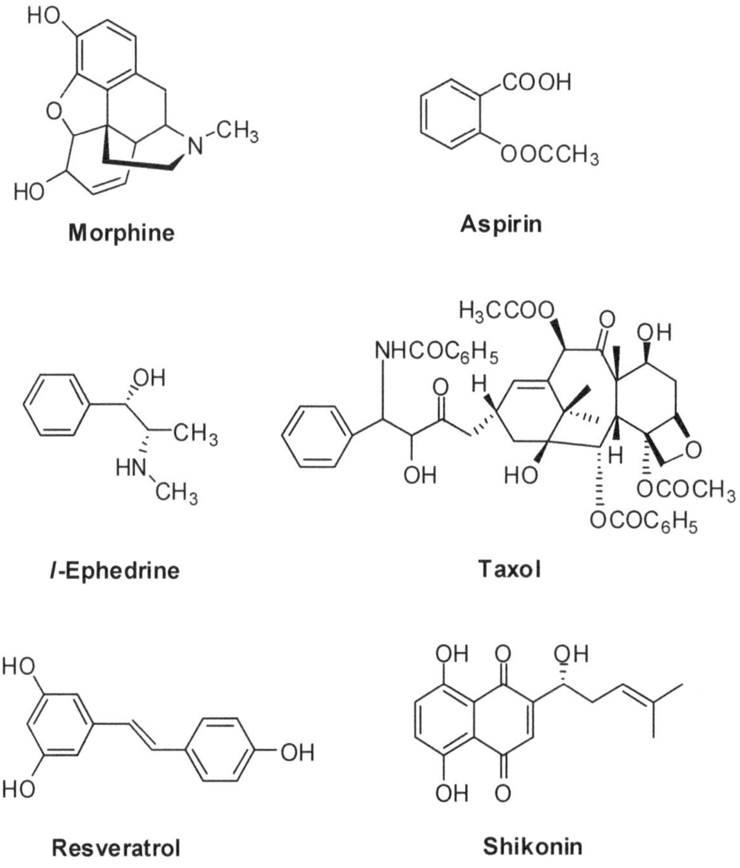

Morphine **Aspirin**

***l*-Ephedrine** **Taxol**

Resveratrol **Shikonin**

그림 1-1 다양한 생리활성을 가지는 천연물

2 천연물 연구의 필요성 –의약품과 관련하여–

천연물 연구 분야 중 지금까지 가장 활발하게 연구가 진행되어 온 분야는 단연 의약품 개발 분야이다. 현재 다양한 질병에 사용되고 있는 의약품의 50% 이상이 천연물에서 유래될 정도로 의약품 개발에 있어 천연물의 중요성은 매우 높다. 특히 암 치료제의 60%, 그리고 감염성 질환 치료제의 75%가 천연물에서 유래한다.

천연에서 추출, 분리된 물질은 그 자체로 약으로 사용되거나, 화학적 합성 방법에 의하여 물질의 구조를 수정하여 안정성 및 효능을 높이고 독성을 낮춘 신규 의약품을 개발하기도 한다. 일반적으로 후자의 방식을 통하여 대부분의 의약품이 개발되고 있다. 현재 수 많은 질병 치료제가 사용되고 있지만 각종 암질환, 에이즈, 수많은 질병성 세균 감염, 그리고 난치병 등에서 기존 치료제에 대한 내성이 증가하고 있어, 내성을 극복할 수 있는 새로운 작용 메커니즘을 밝히거나, 구조적으로 매우 새로운 물질의 개발 필요성이 꾸준히 제기되고 있다. 새로운 작용 메커니즘 혹은 새로운 구조를 가지는 물질을 확보할 수 있는 시작점은 역시 자연에서의 천연물 탐색이다. 자연계는 천연물을 탐색할 수 있는 미개척 공간이 아직도 많이 남아 있으며, 아직 인간이 발견하지 못한 다양한 구조와 활성을 가지는 물질들의 보고이다. 새로운 천연 물질의 발견과 규명은 신약 발견의 시작점이며, 그 개발 과정에서 매우 중요한 개념을 제공한다. 실재 새로운 천연 물질을 확보하기 위한 대규모의 노력이 선진국의 대규모 제약회사들을 중심으로 활발히 진행되고 있다. 천연물의 탐색 지역으로는 아직 인간이 접근하지 못한 지역, 즉 극지방, 화산 지역, 심해, 아마존의 정글 등 극한 지역을 중심으로 진행되고 있다.

1982년부터 2002년까지 20년간, 미국 FDA에 등록된 저분자량의 신약(new chemical entities) 등록에 관한 Newman 등의 조사 자료는 지난 몇 십 년간 천연물이 신약 혹은 신약 선도 물질의 개발에 있어 매우 중요한 기여를 하였음을 보여 주고 있다(그림 1-2). 의약품으로 등재된 저분자량의 신약 877개 중 61%가 천연물에서 유래하였다. 여기서 천연물(N)은 6%, 천연물 유도체(ND)는 27%, 천연물 유래의 pharmacophore를 가지는 합성 물질(S^*) 5%, 천연물로부터 확보한 정보를 바탕으로 설계 합성된 합성 물질(천연물 모방 화합물, NM)이 23%를 이루고 있다.

또한 C&EN 보고서에 의하면 2003년 현재 저분자량을 가지는 10개의 신약(chemical entities) 중에서 8개가 천연물에서 유래하였을 뿐만 아니라, 임상 2단계에 진입한 항암 후보물질 137개 중 59%가 천연물을 기반으로 하고 있다. 이 사실은 다시 한 번 신약 개발에 있어서 천연물의 중요한 위상을 확인하여 준다.

실재 최근 들어 대규모 제약회사 혹은 천연물 연구를 목적으로 하는 벤처 기업들이 천연물로부터 임상 단계에까지 진입한 의약품들을 속속 개발하고 있다. Merck사가 *Glarea lozoyensis*라는 곰팡이로부터 개발한 항곰팡이제 caspofungin(Cancidas)는 이미 2003년에 시장에 진출하였고, 스페인 제약회사인 PharmaMar사가 멍게로부터 추출한 항암제, ecteinascidin-743(Yondelis), 미국의 Advanced Life Sciences사가 보로네

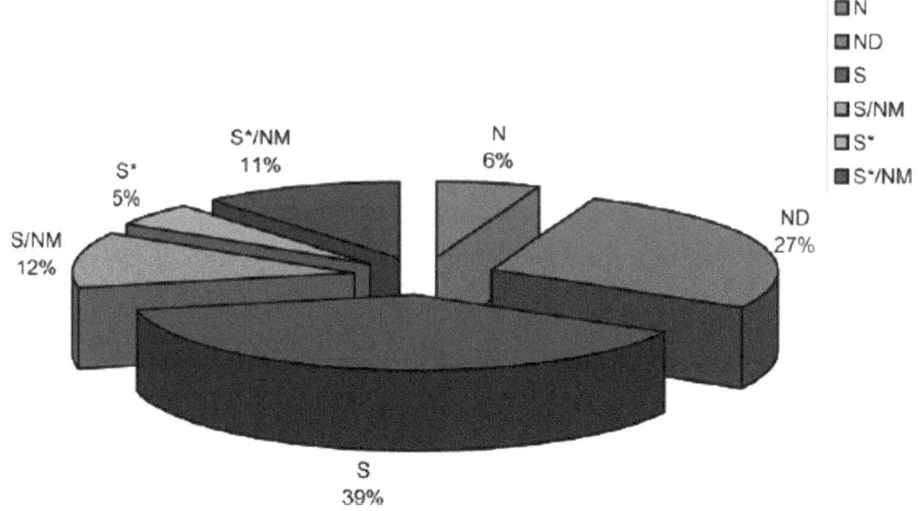

그림 1-2
1981~2002년에 보고된 저분자량의 new chemical entities(NCEs)(총 877개 약물). N: 천연물(Natural product); ND: 천연물에서 유래된 약물 혹은 반합성을 통해 구조적으로 변형된 약물; S: 합성 약물; S*: 전합성을 통해 합성된 약물, 약리 활성을 가지는 핵심 구조(pharmacophore)는 천연물로부터 유래; NM: 천연물의 핵심 기능만을 모방하여 합성한 약물.(인용: Newman, D.J.; Cragg, G.M.; Snader, K.M. J. Nat. Prod. 2003, 66, 1022–1037).

오섬에 자생하는 식물로부터 얻은 물질 HIV 치료제, Calanolide A가 현재 임상 2단계에 진입해 있다(그림 1-3).

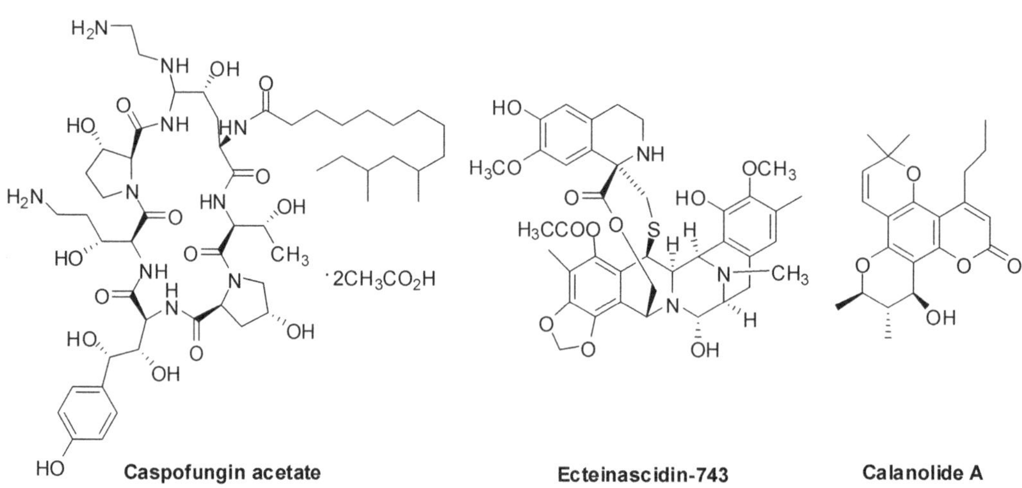

그림 1-3
최근 개발 혹은 개발 중인 천연물 유래 의약품.

이들 화합물은 공통적으로 복잡하고 또한 다양한 구조적 특징을 가지고 있다. 다시 말하면, 이들 천연물들은 지금까지 알려진 바와는 다른 새로운 핵심 구조를 유기 화학, 약학, 생물 분야에 제공함으로써 새로운 구조의 신규 물질을 확보할 수 있는 전기를 마련해 준다는 면에서 그 의의가 매우 크다 할 수 있다.

3 천연물의 가치 재발견

인간 게놈 사업의 완결로 인하여 질병의 진단, 예방 그리고 치료와 밀접한 관련을 가지는 많은 분자 표적들이 밝혀지고 있을 뿐만 아니라 그 수가 급격히 증가하고 있으며, 이는 새로운 치료제의 개발 필요성을 높이는 직접적인 원동력이 되고 있다. 이는 생체 내부의 분자 표적들과 상호작용할 수 있는 후보 물질에 대한 수요가 동시에 증가한다는 것을 의미한다. 기존에 수집되어 보관되어 있는 천연물 혹은 새로운 천연물의 확보를 통하여 이에 대한 수요에 부응하는 것이 합리적이다. 더불어 최근 10년간에 걸쳐, 정립된 분자 표적에 대하여 기존의 물질 혹은 천연물을 빠른 시간 안에 해당 활성을 확인할 수 있는 방법이 개발(high-throughput screens, HTS)되면서 이 기술에 적용할 수 있는 물질의 확보가 또한 필요하게 되었고, 기존의 천연물뿐만 아니라 많은 수의 새로운 물질 확보를 위한 천연물 탐색의 중요성이 증가하고 있다.

같은 기간에 비록 조합 화학(combinatorial chemistry)과 같은 매우 효율적인 합성법이 개발되어 매우 빠른 시간에 매우 많은 화합물들을 합성하였음에도 불구하고 FDA에 등록된 의약품(New Drug Application)은 2001년 16개 정도이고, 이후 오히려 감소는 추세이다. 매우 효율적인 합성법을 통해 수 많은 화합물들이 제조되었지만 실재 의약품으로 개발되지 못했다는 사실은 합성을 통해 얻어진 물질들의 화학적 구조의 설계 개념이 실재 질병과 관련된 분자 표적과 거리가 있음을 시사하는 것으로서, 이는 역으로 이미 자연에 의해 설계되어 존재하는 천연물의 새로운 구조가 약품 개발의 중요한 시발점이며 이를 통한 신규 선도 물질의 창출이 가능하다는 사실을 의미한다고 하겠다.

4 향후 천연물 연구 방향 및 전망

인간 게놈 사업의 완결로 인한 질병 관련 분자 표적들의 급격한 증가, 분자 표적에 대한 매우 빠른 활성의 검색 방법의 개발(HTS), 그리고 암, 세균성 질환, 에이즈 등 다양한 질병에 대한 내성의 강화 현상 등은 인류에게 새로운 의약품의 개발 필요성을 제기하는 직접적인 원동력이 되고 있다. 동시에 다양한 의약품 개발에 필요한 다수의 그리고 다양한 종류의 후보 물질군 확보에 대한 요구가 빠르게 증가한다는 것을 의미한다. 따라서 이 요구를 충족하기 위해서는 기존의 누적, 보관되어 있는 천연물을 활용해야 할 뿐만 아니라, 천연으로부터 보다 많은 수의 새로운 천연물을 지속적으로 탐색해야 한다. 앞서 언급한 바와 같이 천연물의 구조적 다양성과 복잡성은 생물학적 다양성을 충족할 수 있어 새로운 의약품 개발에 적합함이 이미 증명된 바 있다. 또한 이후 유기 합성 화학자에게 있어서 합성의 안내자 역할을 함으로써 화학적 구조의 다양성을 구축할 수 있는 계기가 될 수 있다. 현재 천연물 화학은 전통적인 방법에 새로운 방법을 접목하려는 시도를 꾸준히 하고 있다. 즉, 보다 우수한 분석 장비의 발달, 자동화된 분리 공정의 도입, 컴퓨터를 이용한 구조 분석 등을 통해 혼합(비정제) 추출물을 확보, 수집된 천연물에 대한 광대한 데이터베이스(database) 구축 및 활성의 검색, 정보과학(informatics)의 접목을 통하여 신규 물질 확보의 효율을 높이고 있다. 또한 천연물 화학은 질병 치료를 위한 의약품 개발 분야뿐만 아니라 기능성 식품 분야 및 식품 의약(nutraceutical), 향장 산업에서 기능성 화장품(cosmeceutical)의 개발, 환경친화적 고분자 소재의 개발 분야 등에 깊이 적용됨으로써 인간 삶의 질을 향상시킬 수 있을 것이다.

5 천연 화합물의 검색 시스템의 한 예

특정한 활성을 가지는 천연 화합물을 천연물로부터 개발하는 과정의 고전적 예를 그림 1-4에 나타내었다. 일차적으로 특정 활성을 검색할 수 있는 검색 방법(screening method)이 전제되어야 한다. 검색 방법은 목적하는 천연 화합물을 단일 화합물 상태로 분리하는 데 핵심적인 역할을 한다. 검색 방법은 목적 활성에 따라 결정되는데, 예를 들면 특정 효소의 억제 효과, 특정 암세포에 대한 세포 독성, 특정 병원성 세균에 대한 사멸 능력 등의 단순한 in vitro 시스템에서부터 동물 모델을 이용한 보다 복잡한 질병의 치료 효과 검정에까지 매우 다양하게 이루어진다. 수집된 천연물은 일단 가용성 용매를 이용하여 추출 및 분획 단계를 거쳐 많은 물질이 혼합되어 있는 혼합물 분획으로 일차적으로 분리된다. 이후 다양한 분리 방법을 이용하여 활성이 유지되는 단일 물질까지 분리한다. 이때 모든 분리 단계에서 얻어지는 분획들은 정해진 활성 검증을 받아야 한다. 사용하는 분리 방법은 고전적인 습식 분리 방법으로부터 고분해능을 가지는 HPLC와 같은 첨단 분리 기기 등이 총동원된다. 한편 일정 분리 단계에서 목적 화합물의 물리-화학적 특성을 수집하여 다음 단계의 분리 방법을 선택하는 데 활용하는 것이 효율적이다. 단일 물질이 확보되면 다양한 분광학적 기기를 동원하여 물질의 구조를 규명한다. 이때 물리-화학적 특성 및 분광학적 자료들의 분석과 이미 구축된 천연물 데이터베이스를 이용하면 보다 쉽게 물질의 구조를 규명할 수 있다. 구조가 확인된 물질이 신규

인지 여부를 데이터베이스와 특허 및 문헌 분석을 통하여 결정하고, 신규 물질로 판명되는 경우 핵심 골격을 유지하는 유도체의 합성을 시도한다. 이미 알려진 물질인 경우에도 활성의 신규성 혹은 유도체의 개발 여부를 판단하여 유기 화학을 통한 구조 변환을 시도한다. 물질의 구조 및 신규성이 보장되는 한도 내에서 물질 및 용도 특허를 신청한다. 물질의 개발 가능성이 높다고 판단되는 경우 물질의 대량 확보를 위한 분리 방법의 최적화, 보다 정확한 활성의 확인 및 다른 활성의 소지 여부 확인, 물질의 독성 및 안정성 여부의 확인 등 일련의 개발 단계를 더 진행한다.

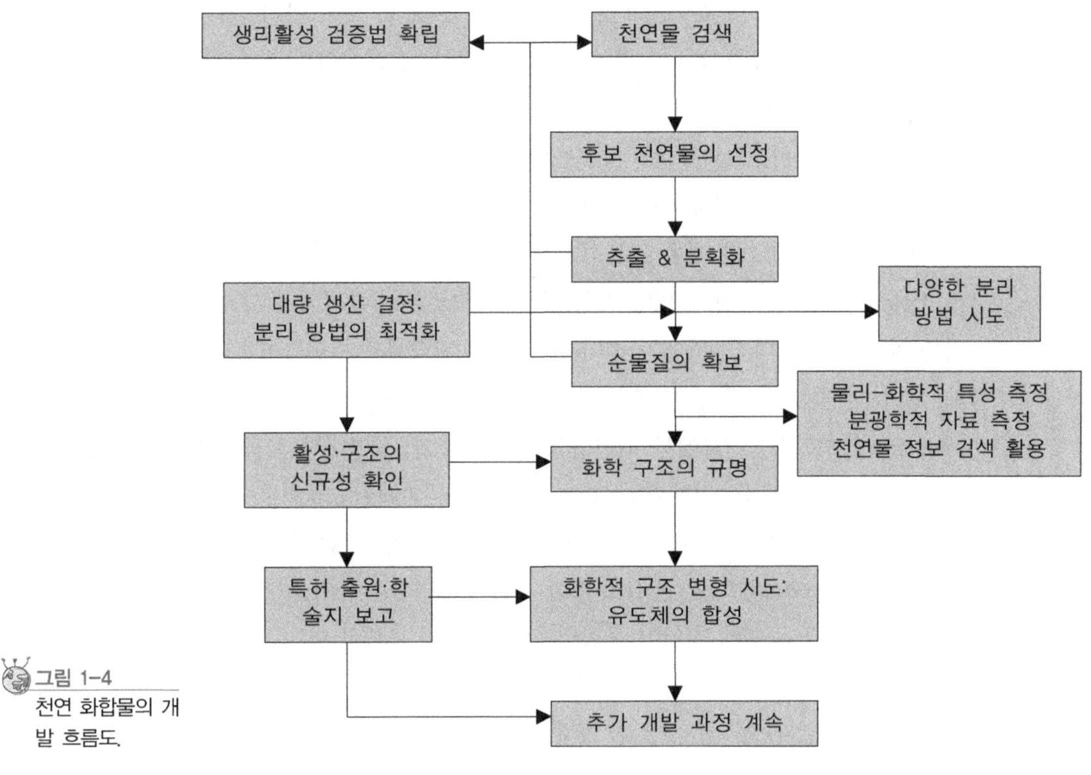

그림 1-4
천연 화합물의 개발 흐름도.

1-2 천연물 화학의 역사

지금으로부터 250년 전 포도, 사과, 레몬 등 과일에서 주석산, 능금산(malic acid), 구연산(citric acid)이 각각 분리되고, 소변에서 요산(uric acid), 우유에서 유산(lactic acid) 등의 분리가 이루어지면서 비로서 과학적 방법론을 견지한 천연물 화학이 태동하기 시작하였다. 그러나 이 시기에는 분리된 물질의 화학 구조의 확인까지는 이루어지지 않았고 19세기로 들어서서 본격적인 화학의 발전에 힘입어 분리된 물질의 정확한 구조들이 밝혀지기 시작하였다.

1805년 독일 약사 프리드리히 제르튀르너가 아편에서 모르핀을 분리했는데, 이것이 최초의 약효 성분 분리이다. 물에 추출된 혼합물의 액성을 변화시켜 가면서 침전을 유도하여 아편을 분리하였으며 이 물질을 지시약으로 시험하여 염기성(알칼리성)인 것을 확인하였다. 후에 식물에서 분리한 생리적으로 활성이 있는 염기 성분을 알칼로이드(alkaloid, 식물염기)라고 부르게 됐으며, 알칼로이드 화학의 시대가 열리는 계기가 되었다. 독일의 오스발트 슈미데베르크는 붉은색 갓에 흰 점이 박힌 커다란 독버섯인 광대버섯으로부터 부교감신경을 자극하는 무스카린을 분리하였는데, 이는 신경계 작용과 화학 물질간의 연관성을 처음으로 시사해 주는 중요한 발견이었다. 또한 1875년 슈미데베르크가 디기탈리스 잎에서 순수 분리한 디기톡신이 심장의 수축과 박동의 이상을 교정한다는 사실이 밝혀졌다. 이와 같이 천연물에서부터 추출되어 나오는 다양한 물질들이 인간의 질병 치료에 매우 유용하게 사용될 수 있다는 사실이 과학적으로 증명되면서, 상당수의 천연물들이 다양한 식물, 동물 등으로부터 분리되기 시작했다. 또한 이 시기는 아프리카, 남미 및 열대 아시아 등의 식민 지역에서 주민들이 전통 의약으로 사용해 오던 식물들로부터 많은 약리 물질들이 분리되었다. 남미 산의 뿌리에서 에메틴(emetine, 1817년), 키나에서 퀴닌(quinine, 1820년), 열대성 식물로부터 스트리키닌(strychinine, 1819년), 카페인(caffeine, 1820년), 피페린(piperine, 1821년) 등의 식물 성분 등이 분리되었다. 식물 같은 천연원으로부터 얻어진 성분들의 약리 작용은 과학자들의 관심을 집중시켰으며, 물질에 대한 분리 방법, 구조 규명 등에 관한 연구가 진행되었다. 또한 구조 규명에 힘입어 물질의 합성 방법의 모색과 약리 작용에 대한 구체적인 연구 등이 발전하기 시작하였다. 이와 같은 발전은 일본의 Nagai가 1887년 마황으로부터 *l*-에페드린(*l*-ephedrine)을 분리하고, 그 약리 작용을 규명하고 생약 자체의 효능과 구성 성분의 약리 작용이 확실하게 규명되는 업적을 남김으로써 현대 천연물 화학의 토대가 마련되었다.

이후 20세기에 접어들면서 크로마토그래피라는 획기적인 분리 방법이 개발되어 천연으로부터 수없이 많은 성분들이 순수하게 분리되어 그 약리 작용이 연구되었으며, 주지한 바와 같이 상당수의 천연 물질들이 인류의 질병을 치료하는 의약품으로 개발되었다. 현대에 들어서는 HTS와 같은 매우 빠른 활성의 검색 방법의 개발, 질병 관련 분자 표적들의 급격한 증가, 암, 세균성 질환, 에이즈 등 다양한 질병에 대한 내성의 강화 현상, 다양한 성인병의 증가 추세 등으로 인하여 새로운 치료제의 개발 필요성이 높아지고 있다. 또한 질병 이외에 삶의 질을 향상시킬 수 있는 다양한 분야, 즉 식품 의약, 향장 산업, 환경친화적 소재의 개발 분야 등에서도 천연물의 역할이 커지면서 천연물 화학의 역할이 더 강조되고 있는 실정이다.

1-3 생물의 다양성 및 천연물 자원

지구상의 생명체들은 장시간에 걸친 환경 적응의 결과로서 현재 매우 다양한 형태를 갖추게 되었으며, 그 종류도 크게 늘어나게 되었다. 실제 식물만 해도 지구상에 약 55만 종이 존재하는 것으로 알려져 있다. 한 생물이 매우 긴 시간에 걸쳐 진화를 통해 그 환경에 최적으로 적응했다는 것은 그 생물을 이루고 있는 물질들간의 질서도 최적화되었다는 것을 의미하며, 이는 앞으로 이 생물의 생존 및 종족 번식에 매우 합리적으로 작용한다고 하겠다. 따라서 생물들의 다양성은 그 생물을 형성하고 있는 물질의 다양성으로 이어지고 그 생명체의 생존을 위해 가장 합리적인 방향으로 이용된다. 이러한 물질들의 화학 구조 및 그 기능의 다양성을 인간이 인식하고 의약품, 식품, 향장제 등 다양한 분야에 이용하기 시작하면서 천연물에 대한 관심으로 이어지게 되어 종국에는 천연물 화학으로 발전하게 되었다. 지금도 생물이 가지는 구조적 다양성은 많은 천연물 화학 종사자들에게 여전히 새로운 영감을 부여하고 있으며, 인류의 삶의 질을 증진시킬 수 있는 새로운 물질의 창출의 시발점이 되고 있다.

다양한 천연 약물을 분류하여 구별하는 경우, 분류자의 분류 관점과 용도에 따라서 다양하게 천연물이 분류될 수 있지만 여기에서는 생물계의 동물 및 식물의 2체제(two kingdom system) 분류 체계에 따른 식물성, 동물성 천연물과 무생물인 광물성 천연물로 그 분류 방식을 정하였다. 천연물을 얻어낼 수 있는 자원의 보고는 자연계임은 이미 알려진 사실이다. 즉, 자연계에 존재하는 동물, 식물, 미생물과 그 대사산물, 그리고 광물에서 얻어지는 물질로서 인간에게 다양한 목적으로 유용하게 사용될 수 있는 모든 생명체 및 물질이 천연물 자원이 될 수 있다. 다른 시각에서 천연물 자원의 범위를 보면, 한국, 중국, 일본 등의 전통 의약품뿐만 아니라 세계 여러 나라의 민간 의약품 개념의 물질 혹은 천연의 기능성 식품까지를 총망라한다고 할 수 있다.

참고문헌

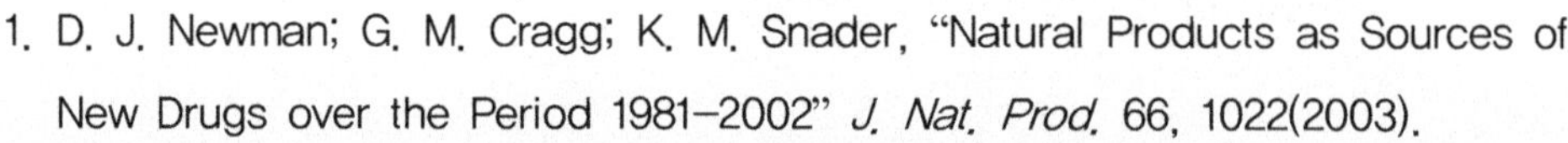

1. D. J. Newman; G. M. Cragg; K. M. Snader, "Natural Products as Sources of New Drugs over the Period 1981–2002" *J. Nat. Prod.* 66, 1022(2003).
2. K.-H. Lee, "Current Development in the Discovery and Design of New Drug Candidates from plant Natural Product Leads" *J. Nat. Prod.* 67, 273(2004).
3. A. M. Rouhi, "Rediscovering Natural Products, Cast aside for Years, Natural Products Drug Discovery Appears to be Reclaiming Attention and on The Verge of a Comeback" *Chemical & Engineering News, October* 13, 77(2003).
4. A. M. Rouhi, "Betting on Natural Products for Cures, In Natural Products Drug Discovery, Traditional, as well as Novel, Approaches are being Applied" *October* 13, 93(2003).
5. 이범종; 서영완, "천연물 화학" *자유아카데미*(2002).
6. 김창민 외 편, "天然物 化學" *천연물 화학 교재편찬위원회 편, 도서출판 영림사* (2004).
7. 우원식 편, "천연물 화학 연구법" *대우학술 총서; 자연과학 14*, 민음사(1984).

002 천연물의 생명 공학

2-1 개론

천연물은 자연에 존재하는 미생물, 식물, 동물체가 자기 생명을 유지하기 위해 행하는 생합성이나 생분해 과정에서 만들어지는 화합물 중 의약적인 응용 가치가 있는 일체의 화합물을 말하며, 살아 있는 천연 자원에 들어 있는 약물이란 의미에서 생약이라는 용어와 혼용하기도 한다. 천연물(생약)의 성분은 일반적으로 모든 천연물에 공통으로 존재하는 일차 대사산물인 탄수화물, 지질, 단백질 및 핵산과 같이 비교적 많은 양으로 존재하는 성분과 비타민이나 호르몬과 같이 아주 적은 양으로 존재하는 성분을 포함하여 종(species) 혹은 속(genus)에 특징적으로 존재하는 이차 대사물질인 알칼로이드(alkaloid), 터페노이드(terpenoid)나 플라보노이드(flavonoid) 등이 있다. 그리하여 생체 물질의 생합성 과정(탄수화물, 아이소프레노이드, 지방산 및 아미노산이나 펩타이드)에 대한 이해는 천연물 연구자나 천연물에 존재하는 생리활성 물질의 합성을 원하는 자들에게 대단히 중요하다. 여기에서 생리활성 물질이란 천연물에 존재하는 성분이 이뇨, 항 모세혈관투과, 항 알레르기, 진경, 혈압강하, 살충, 항균, 간장보호, 항암, 위산분비 촉진, 진정 국소마취, 혈관 축소, 항산화 등과 같은 의약적 작용을 할 수 있는 물질이다.

생명 공학 기술은 유전자 재조합 기술, 세포 융합 기술(예: 토마토와 감자의 세포 융합), 핵 치환 기술(예: 복제 양 "둘리"), 조직 배양 기술 등이 포함되며, 이 기술이 생명과학과 의·약학, 농학, 환경학뿐만 아니라 천연물 화학에도 대단히 유용하게 응용되고 있다. 생명 공학 기술은 1980년대 초부터 여러 선진 국가에서 많은 관심을 불러 일으켰다. 1983년에 Genentech사와 Eli Lilly사가 세계 최초로 생명 공학 제품인 인슐린(insulin)을 출시한 것이 대표적인 예이다.

G7 국가들의 참여로 1990년 출범했던 인간 유전체 프로젝트(human genome project, HGP)의 결과로 현재에는 31억 6천 470만 개의 인간 게놈의 염기 서열이 완전하게 밝혀져 있어서 질병이나 유전병에 해당하는 유전자(gene)를 찾아내는 연구가 활발하게 진행되고 있다. 우리 몸은 60~100조 개의 세포로 구성되어 있다. 모든 세포유전자의 중심에는 핵이 있고, 그 핵 속에는 23쌍의 염색체가 있다. 이 염색체 속에는 유전자가 있으며, 게놈은 바로 유전 정보가 들어 있는 염색체 전체를 가리키는 말이다. 그러나 염기 서열의 정보만으로는 유전자를 완전히 확인하기 어렵다. 그 이유는 모든 염기 서열이 단백질로 번역되지 않고 mRNA로 전사되는 과정에서 전사되지 못하고 침묵하는 유전자(intron)가 존재하기 때문이다. 또한 게놈에서 전사된 일차 산물인 RNA는 단일나선으로 불안정하며 수명이 짧기 때문에 시험관 내에서 취급하기가 쉽지 않다. 그러나 RNA는 역전사 효소(reverse transcriptase)에 의해 인위적으로 DNA로 전환시킬 수 있다. 이렇게 만들어진 것을 cDNA(complementary DNA)라고 부른다. 이러한 실험의 결과로 유추한 인간의 유전자 수는 약 12만 개 정도로 예측하고 있다. 이는 예상보다 훨씬 적은 수이고 특정 생명 현상에서 작용하는 여러 단백질들 사이의 상호관계가 예상보다 훨씬 복잡하다는 사실을 암시한다. 현재에는 완성된 인간 게놈 지도를 기초로 생명 공학 기술을 이용하여 포스트게놈(post-genome) 프로젝트인 단백질체학(proteomics) 연구를 통해 유전자에 의해 만들어진 단백질의 기능을 밝혀서 질병에 대한 진단과 치료에 활용하려는 연구가 활발하게 진행되고 있다. 여기에서 단백질체학(proteomics)의 어원은 게놈(genome)에 의해 만들어지는 단백질(protein)의 집합체를 뜻하는 '프로테옴(proteome)', 그리고 학문을 의미하는 "ics"의 합성어이다.

생명 현상을 이해하고 단백질의 구조와 특성을 규명하려는 연구는 단백질체학 연구자들의 최고 관심사이다. X-ray 구조 분석이나 NMR을 이용한 구조 분석 없이 전산학과 통계학의 수학적 도구를 이용하여 자동적인 방법으로 단백질의 구조를 알 수 있다면, 아직까지 확인되지 않은 생화학적인 메커니즘을 분자 수준에서 예측이 가능하게 되고, 단백질의 기능을 촉진하거나 방해하는 약물 분자의 개발 과정에도 응용할 수 있다. 컴퓨터 계산에 의한 방법으로 특정 단백질에만 작용하는 고성능 약물 분자를 개발할 수 있는 날이 올 것이라고 예상한다. 단백질체학의 발전으로 단백질의 입체 구조 예측이 가능하면 새로운 약을 설계하기도 아주 쉬울 것이다. 이 분야의 연구자들의 예상으로는 머지 않은 장래에 약물의 목표가 되는 단백질의 수가 10,000여 개에 도달할 것으로 예상하고 있다. 이 수준이 되면 신약설계에 의해 개발된 약은 부작용이 훨씬 적고 더 강한 약효를 갖게 될 것으로 예상하고 있다.

단백질체학은 단백질의 삼차원 구조에 대한 방대한 자료를 컴퓨터와 수학적 알고리즘을 이용하여 처리하는 학문이다. 우선 단백질의 일차 구조(아미노산 서열)만으로 삼차 구조를 예측할 수 있고, 서로 다른 두 단백질이 입체적으로 어떻게 상호작용을 할 것인지를 알아낼 수 있다. 이는 분자생물학 분야의 최대 난제인 단밸질 접힘(protein folding) 문제를 풀 수 있는 실마리를 제공해 줄 수 있으리라 기대한다. 다시 말해서, 유전자의 DNA 염기 서열 정보로부터 해당 단백질의 입체 구조를 해결하는 방법이다. 결국 생명 현상을 제대로 이해하려면 어떤 조직의 세포에서 발견되는 전사체(mRNA의 총체)와 프로테옴(mRNA에 의해 만들어지는 모든 단백질)을 분석해야 한다. 모든 생물체의 유전 정보는 A(아데닌), T(타이민), G(구아닌), C(사이토신) 네 개의 염기로 구성된 DNA의 염기 서열 형태로 저장되어 있다. 그리고 DNA의 염기 서열은 20종의 아미노산으로 구성되는 단백질을 생산하는 일종의 명령어이다. 서로 다른 DNA 염기 서열은 서로 다른 아미노산 서열을 가진 단백질 생산을 명령하여 각기 다른 기능을 가진 단백질을 생산한다. DNA 염기 서열 중에서 단백질 생산에 직접 사용되는 부분이 바로 유전자이다. 우리 몸의 거의 대부분의 생명 현상은 바로 단백질에 의해 이뤄지고 있다. 단백질은 우선 mRNA의 정보에 따라 결정된 아미노산의 순서로 일차 구조를 이룬다. 이는 곧 아미노산 특성에 따라 특정 이차 구조를 거쳐 최종적으로 삼차원 입체 구조를 이룬다. 생체에 존재하는 단백질은 모두 삼차원 입체 구조를 이루고 있다. 단백질의 삼차원 입체 구조는 그 기능과 밀접하게 연관되어 있기 때문에, 입체 구조에 조금이라도 변화가 생기면 바로 생체기능에 이상이 생긴다. 혈당량을 조절하는 인슐린, 근육을 이루는 미오신과 액틴, 다당류를 분해하는 아밀라아제(amylase), 지방을 분해하는 리파아제(lipase) 등 우리 몸 대부분 생명 현상을 유지하는 물질은 입체 구조를 이루는 단백질이다. 이외에도 운동과 신경작용, 면역, 그리고 광합성과 물질 수송의 기능을 수행하는 것도 역시 단백질이다.

천연물 화학의 연구는 천연물에 들어 있는 생리활성 물질을 분리, 정제하여 이들의 구조를 규명하여 그 구조와 기능과의 관계를 연구하거나, 이들 구조를 기초하여 생리활성 물질을 전 합성(total synthesis) 또는 일부 합성하는 것을 포함한다. 또한 천연물 생명 공학 기술의 연구를 통해 생리활성 물질을 함유한 생물체의 시험관 배양을 확립하여 생리활성 물질이 생합성되는 과정을 유전자 수준에서 규명하고, 생명 공학 기술을 이용하여 생리활성 물질의 대량 생산이나 생리활성이 훨씬 증진된 변형체를 만드는, 즉 품종이 개량된 천연물을 만드는 연구를 수행하기도 한다. 천연물에 대한 연구는 분자생물학, 생화학, 유기 화학, 식물학과 약화학, 약물학 및 독성학과 기기분석화학 등의 여러 학제간의 연구(interdisciplinary study)가 다른 어느 연구보다도 반드시 필요하다 하겠다(그림 2-1).

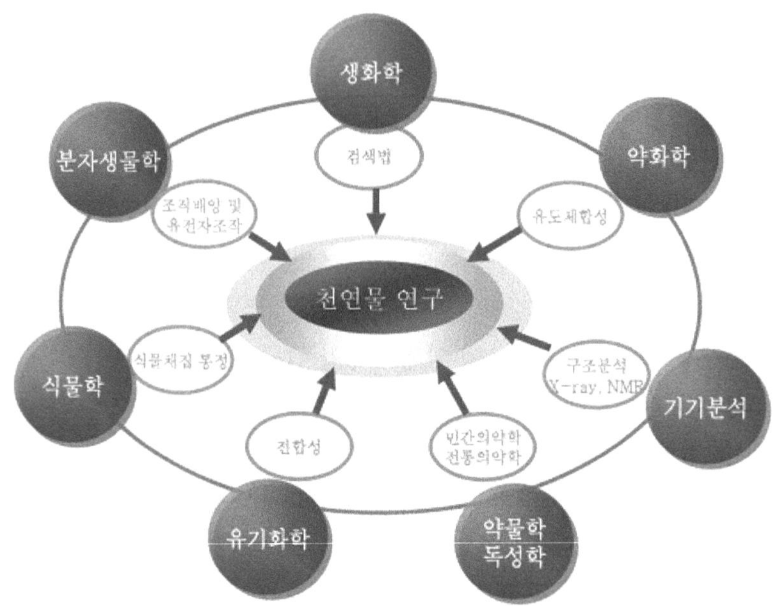

그림 2-1
천연물 연구를 위한 학제간의 역할 분담.

2-2 연구 과정

천연물 생명 공학 기술은 주로 생리활성 물질을 생성하는 유전자의 분리와 유전자 재조합에 의해 발현시켜 얻어진 단백질의 단백질 공학(protein engineering), 화학 유전체학(chemical genomics), 단백질체학, 그리고 단백질이 관여하는 대사 공학(metabolic engineering) 등을 주로 연구하며, 다음과 같은 점을 연구 과정에서 고려해야 한다. 이외에도 천연물의 생명 공학 기술에 대한 연구 과정은 그 발전 속도가 너무 빨라서 고려 대상은 날이 갈수록 다양해지리라 생각한다.

1 연구 대상 천연물의 선정

대상 천연물은 함유된 생리활성 물질로 인해 의약품으로 사용되고 있는 천연물이 연구 대상이 된다. 대표적인 예로서 당뇨병 치료제로 활용되는 인슐린(insulin)은 췌장 속에 흩어져 자리 잡고 있는 내분비선 조직인 랑게르한스섬(insula Langerhansis)의 세포로부터 분비되는 호르몬으로서 간·근육·지방·조직 등에 작용하여 주로 보급 영양계의 체내 동화·축적을 촉진하고, 글루카곤·성장 호르몬·코르티졸·아드레날린(에피네프린) 등의 이화 촉진과 길항작용으로 대사를 조절하여, 결과적으로 혈당량을 저하시킨다. 이외에도 이차 대사물질인 알칼로이드(alkaloid) 의약품으로 양귀비에 들어 있는 모르핀(morphine)이나 빈블라스틴(vinblastine) 또는 다이터페노이드(diterpenoid)로서 항암제인 paclitaxel(taxol), 인삼의 사포닌(saponin) 성분 등에 관련된 유전자들이 중요한 대상 천연물이 될 수 있다.

2 천연물의 성분 분석

선정한 연구 대상 천연물을 채취하여 질량을 재고 성분을 추출(물이나 유기 용매 사용)하여 여과시켜 상등액과 침전물로 나눈다. 필요할 경우에는 이 과정을 여러 번 반복하여 천연물의 성분을 완전하게 추출한 다음, 감압 농축시켜 크로마토그래피법을 이용하여 성분들을 분리시킨다. GC-MS(gas chromatography-mass spectrometry), LC-MS, FAB(fast atom bombardment)-MS, ESI(electro spray ionization)-MS, MALDI(matrix assisted laser desorption ionization)-MS 등의 분석 장비들이 성분을 분리 분석하는 데 사용된다.

3 천연물 생산에 관여하는 효소의 분리

천연물의 수층에 존재하는 효소를 분리하여 생약성분과 관련 있는 효소의 동정을 추적한다. 효소를 정제하여 그 효소의 *N*-terminal이나 *C*-terminal의 부분 아미노산 서열을 밝혀서 그 효소의 유전자를 찾는 데 사용할 수 있다. 그러나 이 방법은 관련되는 효소를 찾고 그를 정제하는 데 많은 시간이 필요하기 때문에 천연물에서 직접 mRNA를 정제하여 cDNA library를 만들어서 유전자를 찾는 방법이 보다 효율적이고 흔히 사용되는 방법이다.

4 천연물 생합성 유전자의 분리 및 클로닝

유전자를 분리하려는 대상 천연물이 원핵 세포(procaryotic cell)일 경우에는 유전체에 인트론(intron)이 없기 때문에 유전자 분리 및 클로닝에 큰 문제가 없지만, 대상 천연물이 진핵 세포(eucaryotic cell)인 경우에는 유전체에 인트론의 존재로 게놈에서 유전자(DNA)를 분리하여 클로닝하는 데는 문제점이 있다. 따라서 mRNA로부터 얻은 library를 screen하여 역전사효소(reverse transcriptase)를 이용하여 cDNA를 얻어서 클로닝하는 데 사용한다. 최근에는 원하는 유전자에 관한 정보를 유전자 은행(gene bank)에서 검색할 수 있어서 상동성이 있는 유전자 배열에서 시발체(primer)를 제작하여 중합효소 사슬 반응(polymerase chain reaction, PCR)을 이용하는 방법을 많이 이용하고 있다.

5 유전자의 발현

먼저 클로닝된 유전자를 잘라내어 적당한 발현 벡터에 접합시킨다. 숙주세포(host cell)에 삽입된 유전자를 발현시켜 다량의 단백질을 얻는다. 이렇게 얻어진 단백질을 칼럼 크로마토그래피(column chromatography)나 FPLC(fast protein liquid chromatography)를 이용하여 정제한 다음 정제 단계별로 기능 assay를 실행하여 정제도와 활성도를 측정한다. 정제된 단백질을 생체 내에서 의약품으로 직접 사용할 수 있는 경우(예, 인슐린)도 있다. 그러나 대부분의 경우에는 발현된 단백질이 관여하여 대사 과정의 반응 속도를 촉진(효소일 경우)시켜서 생리활성 물질의 생산에 영향을 주거나 또는 대사과정에 조절자의 역할을 하여 생리활성 물질의 생성을 극대화시키는 경우가 훨씬 더 흔하다. 다음 그림 2-2는 인슐린(insulin)의 대량 생산을 위한 생명 공학 기술을 간략하게 표시하였다.

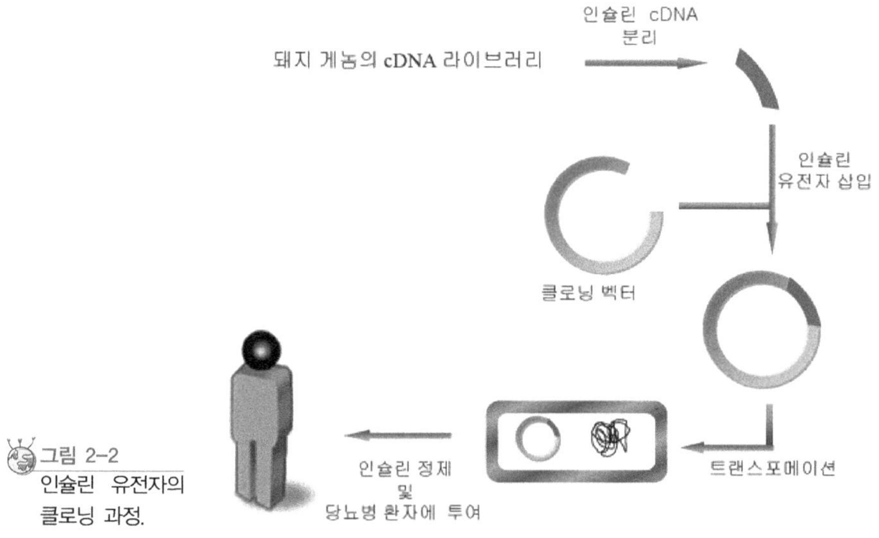

그림 2-2 인슐린 유전자의 클로닝 과정.

인간의 인슐린 유전자를 숙주 균(host strain)으로써 대장균을 택하면, 박테리아가 클로닝이나 발현 벡터에 삽입된 유전자를 거부하는 경우들이 종종 발생한다. 이럴 경우에 대비하여 *E. coli* codon usage를 참고하여 유전자를 합성하는 것이 바람직하다. 또는 host strain을 같은 진핵 세포인 효모(yeast)나 식물을 택하면 거부 반응을 줄일 수 있다. 현재까지 시판되고 있는 인슐린은 박테리아의 유전자 조작을 통해 생산되고 있지만, 인간의 인슐린 유전자를 삽입한 vector를 식물에서 발현시켜 생산된 인슐린이 머지않은 장래에 시판되리라는 보고가 있다. 인간의 인슐린이 발현되는 식물이 식용 식물일 경우에는 식물로부터 인슐린을 정제할 필요 없이 직접 식물을 섭취하여 체내에 인슐린을 보충할 수 있다는 장점과 우리 인체에서의 거부 반응을 대폭 축소시킬 수 있으리라 예상할 수 있다. 하지만 유전자 조작 작물이 통제 없이 무분별하게 재배될 경우 생태계의 파괴는 물론, 엄청난 오염사고를 가져올 수 있다는 점도 고려해야 한다.

표 2-1 인슐린 유전자와 아미노산 서열(PDB ID: 2G4M, A & B chain).

GGC	ATC	GTC	GAG	CAG	TGC	TGC	ACG	TCG	ATC	TGC	TCG	TTG	TAC	CAG	TTG	GAG
Gly	Ile	Val	Glu	Gln	Cys	Cys	Thr	Ser	Ile	Cys	Ser	Leu	Tyr	Gin	Leu	Glu
							A chain									
AAC	TAT	TGC	AAC	TTC	GTC	AAC	CAG	CAT	TTG	TGC	GGC	TCG	CAT	TTG	GTC	GAG
Asn	Tyr	Cys	Asn	Phe	Val	Asn	Gln	His	Leu	Cys	Gly	Ser	His	Leu	Val	Glu
							B chain									
GCG	TTG	TAC	TTG	GTC	TGC	GGC	GAG	AGG	GGC	TTC	TTT	TAC	ACG	CCG	AAG	GCG
Ala	Leu	Tyr	Leu	Val	Cys	Gly	Glu	Arg	Gly	Phe	Phe	Tyr	Thr	Pro	Lys	Ala

6 유전자 조작

좁은 의미의 유전자 조작은 생리활성 물질이 단백질이고 그 활성도 측정이 확립되어 있을 경우엔, 그 단백질에 해당하는 유전자(DNA나 cDNA)를 찾아내어 대장균의 발현 벡터에 삽입하여, 이렇게 세포전환(transformation)한 대장균을 키운 다음 다량의 단백질을 얻어 단계별로 기능을 체크하는 것을 의미한다. 그리고 단백질의 활성부위에 해당하는 부위를 유전자상에서 변형(site directed mutagenesis)시켜 더 큰 활성도를 띠는 단백질 변형체를 만드는 과정도 여기에 포함된다. 그러나 넓은 의미에서는 가축이나 과일, 채소 등에 유전자 조작을 행하여 병이나 충해에 대한 내성이 강한 변형된 개체를 창출시키는 과정을 의미할 수도 있다. 복제양 "둘리"의 경우에는 난자의 핵치환이라는 생명 공학 기술이 적용된 한 예이다. 이처럼 유전자 조작 기술은 신기능성 생물체를 제작하는 데에도 이용할 수 있다.

7 연구 대상 천연물의 생물학적 기능 검색 확립

미량의 연구 대상 생리활성 물질을 검출할 수 있는 실험법이 확립되어 있어서 *in vivo*에서나 *in vitro*에서 천연물의 동정 분석 실험이 가능해야 한다. 연구 대상 천연물 시료를 물이나 유기 용매로 추출하여 수층과 유기 용매(메탄올, CH_2Cl_2)에 녹는 층으로 여과시켜 분리하고, 잔사를 진탕하여 다시 상등액과 잔사로 분리시킨다. 각각에 들어 있는 성분을 LC-MS, GC-MS 또는 HPLC, FPLC 등의 분석 장치를 사용하여 분리시킨다. 각 단계별로 얻어진 혼합 성분 분획 중에 어느 분획에 연구 대상의 천연물이 들어 있는가를 알아 볼 수 있는 bioassay가 확립되어 있으면 그 물질을 찾는 데 대단히 유용하다. 필요한 경우에는 항체를 이용한 enzyme-linked immunosorbent assay(ELISA) 등의 면역분석법(immunoassay)도 사용할 수 있다. 이런 과정을 거쳐 정제된 생리활성 물질은 NMR을 이용하여 구조를 분석하고, 또는 결정화시켜 삼차원 구조를 밝힐 수 있다. 이로부터 전 합성 또는 일부 합성을 할 수 있는 아이디어를 얻어낼 수도 있다.

8 배양 실험 장치 확립

연구 대상 물질이 미생물이나 식물 또는 동물 중에 어느 것인가에 따라 그에 적합한 배양 실험 장치를 확립해야 한다. 클로닝(cloning)된 대장균이나 효모를 배양하는 배양기(incubator)나 연구 대상 천연물이 식물일 경우에는 유용 형질 전환 식물의 배양이나 우수한 형질만을 보존시키기 위한 조직 배양, 기관 배양에 적합한 배양계가 확립되어 있어야 한다. 이들 배양 시스템을 통하여 천연물의 생명 공학적인 연구를 위한 재료를 얻기도 하지만, 천연물을 대량 생산하기 위한 목적으로도 이용된다. 그러나 생명 공학 기술에 의해 변형된 미생물이나 식물, 동물의 배양에는 철저한 규제하에서 이루어져야 한다. 그렇지 않아서 무분별하게 자연에서 배양될 경우에는 자연 생태계의 파괴는 물론 유전자가 조작된 식물이나 동물을 인간이 섭취하여 차후에 파생될 문제점은 아직 아무도 예상할 수 없다는 점도 간과해서는 안 된다.

9 천연물의 화학 유전체학(Chemical genomics)

대상 생체활성 물질의 기능 해석을 유전 정보인 DNA에 근간하기보다는 유전자의 발현 산물인 단백질과 작용하는 특이적인 저분자 화합물을 사용하여 단백질의 기능을 해석하고 조절하는 화학적 기능 해석 방법을 화학 유전체학(chemical genomics)이라 한다. 이 경우 특이적인 저분자 유기 화합물을 연구 재료로 사용하게 됨으로써 이들이 곧 바로 신약이나 생리활성 물질의 선구 물질로 활용될 수 있어서 최근 주된 연구 대상이 되고 있다.

본래 화학 유전체학은 생리활성이 있는 저분자 유기 화합물의 세포내 표적 단백질을 결정하여 단백질 기능 조절 메커니즘을 규명하는 화학생물학 연구로부터 출발하였다. 화학 유전체학의 연구에 필수적인 저분자 화합물의 창출은 크게 유기 합성에 의한 것과 천연물로부터의 분리로 구분할 수 있다. 먼저 합성에 의한 방법은 기존에 존재하는 생리활성을 나타내는 물질의 유도체를 합성함으로써 단기간에 원하는 물질을 창출할 수 있다는 장점이 있으며, 최근에는 조합 화학 합성(combinatorial chemical synthesis)을 통해 특정 약물작용발생단(pharmacophore)에 화학적 다양성(chemical diversity)을 증폭시키는 연구가 활발히 진행되고 있다. 그러나 이와 같은 유기 합성에 의한 물질 창출은 구조적인 면에서 모방의 한계를 벗어날 수 없는 단점을 가지고 있다. 반면, 천연자원으로부터의 특이적인 저분자 화합물의 분리는 합성법이 가지고 있는 문제점인 모방을 뛰어넘어 전혀 새로운 방식의 생리활성 물질의 창출을 가능하게 한다는 장점이 있다. 그러나 이를 위해서는 탐색 대상의 특이성과 스크리닝(screening)의 독자성이 선행되어야 한다는 전제 조건을 가지고 있다. 21세기 화학 유전체학 연구의 주류는 이처럼 최신의 화학적 합성에 의한 다양한 chemical library의 확보 및 천연물로부터 새로운 방식의 생리활성 물질 library를 구축하는 것이 한 중심이 될 것이다. 또한 이 같은 library를 보다 효율적으로 활용하기 위한 화학-칩(chemical chip)의 등장도 기대된다고 하겠다. 더 나아가서는 화학 유전체학의 연구가 특이적인 저분자 화합물 탐색에서 끝나는 것이 아니라, 기존의 화학생물학(chemical biology)과 단백질체학(proteomics)이 효율적으로 활용되어 표적 단백질의 동정 및 세포 생리활성 관련 유전자 분리 그리고 기능 해석이라는 기초 연구에 연결된다면, 이는 보다 선택적이고 부작용이 적은 신약 개발에 활용되어 독창적인 신약 개발 연구의 발전에 기여할 것이다.

10 천연물 단백질체학(proteomics) 연구

유전체학(genomics)이 생체의 데옥시라이보핵산(DNA), 라이보핵산(RNA)과 같은 유전 정보를 밝히고자 유전체(genome)를 단위로 실험 구상과 정보처리를 수행하는 학문이라면, 단백질체학(proteomics)은 프로테인(protein: 단백질)과 옴(ome: 전체)의 합성어로서, 프로테옴은 특정세포나 특수상황에서 만들어지고 작용하는 단백질의 총 집합체이다. 다시 말해서 생명체의 전체 유전자인 게놈(genome)에 의해 발현되는 모든 단백질의 총합인 프로테옴을 다루는 학문으로 이들을 대량으로 분석하고 상호기능관계

지도를 작성하여 구조 분석을 통해 궁극적으로 특정 단백질과 이를 만드는 유전자의 기능을 동시에 밝혀내는 것을 목적으로 한다.

최근 이 학문이 각광받는 이유는 인간 유전체 염기 서열이 다 밝혀졌다고 해도 그것만 가지고는 유전자 산물의 기능을 알 수 없고 유전자(DNA)가 전사(transcription)되어 번역(translation) 과정을 거쳐 단백질 수준에서 조절된다 하더라도 최종적으로 세포내에서의 기능 여부는 얼마나 정교하고 적절하게 단백질 합성 후 변형되는가에 달려 있기 때문이다. 다시 말해서 최종적으로 완벽한 모양이 갖추어진 단백질을 분석하지 않고서는 그 유전자의 세포내 기능을 알 수 없다는 것이다. 천연물의 생체공학 연구 또한 유전체학(genomics)에서 단백질체학(proteomics)으로 점진적으로 그의 무게의 추가 기울고 있는 추세이다.

11 천연물의 대사 경로의 확인

천연물의 대사 경로를 확인하는 것은 생합성 연구에 반드시 필요한 단계이다. 최근에는 방사성 동위원소의 투입 실험으로 대사경로의 중간체까지도 분리 검출이 가능해져서 천연물 연구에 많은 도움을 준다.

대상 천연물의 대사체학(metabolomics)이 확립되어 물질 생산의 전모를 알게 되면 유전 공학적인 방법을 이용한 생리활성 천연물의 대량 생산은 물론이고 자연의 물질보다 강한 성능을 가진 물질을 화학적인 방법이 아니고 생명 공학 기술로 생산하는 것이 가능하리라 생각한다.

12 유전자 도입에 의한 신기능성 생물체 제작

생명 공학 기술에 의해 내병성, 내염성, 제초제 내구성 유전자를 농작물에 도입하여 새로운 기능을 가진 식물이나 동물의 창출이 가능하다. 신기능의 천연물 제작에 식물이나 동물을 이용하지 않고 이들 유전자를 미생물에 도입하여 유전 공학 기술을 이용하여 원하는 물질을 생산할 수도 있다. 마지막으로 생명 공학 기술에 의해 창출된 생리활성 물질이 천연물에서 직접 추출한 물질과 동일한 또는 그보다 효능이 좋은 의약적 효력을 발휘하는지는 다시 임상 실험 과정을 거치면서 확인해야 하며, 부작용이나 예상을 벗어나는 다른 징후는 나타나지 않는지 또한 확인해야 할 것이다.

참고문헌

1. 천연물 화학 교재연구 위원회 편저, "천연물 화학(Chemistry of Organic Natural Products)" *영림사*(2003).
2. 우원식, "천연물 화학 연구법(개정판)" *서울대학교 출판부*(2001).
3. Bhat; V. Sujata; Nagasampagi; A. Bhimsen; Sivakuma, "Chemistry of Natural Products" *Springer Verlag*(2005).
4. Stanforth; Dr. P. Stephen; "Natural Product Chemistry at a Glance" *Blackwell Pub Professional*(2006).
5. Cantor; R. Charles; Wiley, "Genomics: The Science and Technology behind The Human Genome Project"(2000).
6. Palladin; Michael A. Baran; Jane, "Understanding The Human Genome Project" *Prentice Hall*(2005).
7. Batiza; Ann, "Bioinformatics, Genomics and Proteomics" *Getting the big picture, Facts on File*(2000).

003 천연물의 추출· 분리· 정제

천연물의 연구는 추출(extraction), 분리(separation), 정제(purification)에 의해 시료에서 목적하는 화합물을 각각 분리하는 것으로부터 시작된다. 학명, 채집 장소, 시기 등이 명확한 재료에 대하여 그 특정 부위 또는 전체를 목적으로 하는 물질을 잘 녹일 수 있는 추출 용매를 써서 추출하고 열에 불안정한 물질, 효소에 의하여 가수분해를 받기 쉬운 배당체 등은 분해를 방지하도록 주의해 가면서 추출액(혹은 엑기스)을 농축한다. 얻은 농축물은 이어서 분리 및 정제를 행하는데, 그 수단으로서 침전법(예, 분별 침전, 재결정, 광학 분할), 분별 증류, 승화, 분배(예, 액체 추출, 향류 분배, 액점향류 분배) 등은 종전부터 행하여졌으며, 최근에는 크로마토그래피를 이용하는 방법으로 크게 진보하고 있다. 천연물 화학에 있어서 각각의 성분으로 분리하는 단리 기술 및 구조 결정법의 현저한 진보는 미량 물질의 취급을 가능하게 하였고, 나아가 생물학, 약리학, 생화학 등의 관련 영역과의 협동 연구가 한층 활발하게 전개될 것으로 기대된다.

3-1 추출 · 분리 · 정제의 개론

1 재료(Material)

사용하는 재료에 대해서는 기원식물·동물의 학명, 채집 장소 및 시간, 사용하는 부위(예, 전체 혹은 특정 부분인가?)를 명확하게 해 둘 필요가 있다. 또 그것이 가공하지 않은 신선품 혹은 건조품인가에 따라서 다음 과정인 추출 시 추출 용매의 선택에 제약을 준다. 예를 들면, 신선품인 경우 수분을 다량 함유하고 있기 때문에 물과 섞이지 않는 용매(예, 헥세인)로는 추출의 작용을 하지 못한다. 건조가 불충분한 재료에 대해서는 다소 물과 섞이는 추출 용매(예, ethyl acetate)를 사용하여도 추출 효율은 저하한다. 또한 재료를 어느 정도 건조시킬 것인가는 연구 대상으로 하는 물질의 안정성과 깊은 관계가 있다. 일반적으로 건조가 잘 되고 미세분말로 가능한 재료일수록 추출 효율이 좋고 추출 조작, 추출액의 농축 조작 등이 편하다(단, 너무 미세한 분말을 재료로 하면 추출액과 추출 찌꺼기(잔사)의 분리가 어렵게 되기 때문에 주의를 요함).

식물 성분을 연구하려면 신선한 식물재료를 사용해야 하며, 채집 즉시 뜨거운 알코올에 집어넣는 방법이 가장 이상적이다. 성분은 추출하기 전에 식물을 건조시킬 수도 있는데, 이때 재료의 성분이 화학변화를 받지 않도록 주의하여야 한다. 따라서 식물재료는 가능한 빨리 저온에서, 통풍이 잘 되는 곳에서 건조시키는 것이 좋다. 일단 건조된 식물재료는 장기간 두어도 성분 연구에 지장이 없다.

1 추출(Extraction)

용매 추출의 화학적 정의는 어떤 용질을 한 상(phase)에서 다른 상으로 옮기는 것이다. 분석추출을 하는 이유는 관심 있는 분석 물질을 유리시키거나 농축시키며, 또는 분석할 때 방해되는 특정 물질로부터 분석 물질을 분리하기 위함이다. 식물에서의 정확한 추출 방법은 사용하는 식물의 부위와 수분 함량에 따라, 또는 어떤 물질을 추출하느냐에 따라 결정된다. 신선한 식물 재료를 추출할 때, 일반적으로 우선 효소에 의해 식물 성분이 산화 또는 가수분해되는 것을 방지하기 위하여 식물조직을 죽일 필요가 있다. 잎 또는 꽃을 적당히 잘라서 끓는 알코올에 집어넣으면 좋다. 추출 용매로서 가장 좋은 것은 알코올로 1~2시간 수욕상에서 끓인 후 뜨거울 때 여과한다. 수회 온침을 해야 하는데, 횟수는 식물에서 알코올로 용출하여 나오는 색(예, 잎에 있어서는 chlorophyll)의 농도로 결정한다.

천연물 추출 용매의 선택은 목적물질을 잘 녹이고 농축조작도 용이한 용매로 한다(표 3-1). 간략하면, 극성이 높은(큰) 물질은 극성이 높은 용매로, 극성이 낮은(작은) 물질은 극성이 낮은 용매에 녹기 쉽다. 물질의 용해도는 엄밀한 의미로는 정도의 차이가 있으나 당, 배당체, 아미노산 등은 극성이 높고 수용성이며, 작용기가 적은 터페노이드(terpenoid), 스테로이드(steroid) 등의 지환상 화합물, 방향족 화합물 등은 비교적 극성이 낮고 지용성이다. 또 동일 화합물이라도 작용기가 하전된 상태(예, $-COO^-$, $-NH_3^+$ 등 이온형)에서는 그렇지 않은 상태($-COOH$, $-NH_2$ 등 유리형)와 비교하여 현저히 극성이 증가하게 된다.

표 3-1 사용 용매에 따른 추출되는 성분의 예.

용매	추출 성분
석유 에테르	지방, 납, 수지, 정유, 클로로필(chlorophyll) (단, 경우에 따라 배당체, 알칼로이드(alkaloid)의 일부가 용출)
에테르	석유 에테르에 난용성인 알칼로이드, 배당체, 수지, 식물 색소, 탄닌(tannin)
클로로폼	주로 탄성 검(gum)
알코올	사포닌, 당, 배당체, 유기산, 탄닌, 알칼로이드
물	탄닌, 배당체, 당, 점액, 단백질, 염류

추출에 자주 사용되는 용매로서는 극성이 작은 순으로 석유 에테르(petroleum ether), 헥세인(hexane), 벤젠(benzene), 클로로폼(chloroform), 메틸렌클로라이드(methylene chloride), 에테르(ether), 에틸아세테이트(ethyl acetate), 아세톤(acetone), 뷰탄올(butanol), 아이소프로판올(isopropanol), 에탄올(ethanol), 메탄올(methanol), 물 등이 있다. 적당한 용매를 써서 저온 또는 자비 조건하에서 여러 차례 추출한다. 이 방법으로 추출할 때 추출 성분이 어느 분획(fraction)에 완전 분리되는 것이 아니라, 그 양은 다르지만 수개의 분획에 걸쳐서 분포되므로 주의해야 한다. 온도를 가하느냐, 가하지 않느냐는 목적 화합물의 안정성과 관련이 있으며, 추출 중 화합물 변화의 위험성과 추출 효율의 좋고 나쁨에 밀접한 관계가 있다. 일반적으로 극성이 높은 용매일수록 여러 가지 화합물을 용해하는 능력을 가지고 있기 때문에 목적 화합물을 지질 및 작용기가 적은 터페노이드(terpenoid), 스테로이드(steroid) 등 저극성 물질에 한정시키는 경우에는 저극성 용매로 추출하는 쪽이 고순도로 추출된다.

처음에는 재료를 저극성 용매로 추출하고 순차로 용매의 극성을 상승시키면서 여러 종류의 용매를 사용해서 추출하는 것도 행해진다. 예를 들면, 추출 조작에서 석유 에테르 또는 헥세인에 의한 탈지조작인 전처리를 행하는 경우가 있는데, 이것은 연구 목적상 저극성 물질이 필요 없는 경우 이것을 저극성 용매로 추출하여 제거하는 것이다. 그러나 저극성 성분과 극성 성분을 함께 함유하는 경우 메탄올 추출액을 만드는 것이 일반적이다. 특히 연구의 초기 단계에서는 재료 중 어떤 계통의 성분을 목적으로 하는가가 확실하지 않으므로 가능한 여러 가지 화합물에 대한 용해능이 크고, 가격이 싸며, 추출 조작도 간편한 메탄올이 추출 용매로서 자주 이용된다.

추출액은 감압 등에 의해 가능한 저온에서 용매를 제거하고(예, 감압 증발기 사용), 추출액 혹은 엑기스로 만든다. 알코올(alcohol)류, 물을 함유하는 용매, 신선한 시약, 건조가 불충분한 시료를 이용한 경우에는 농축함에 따라서 기포를 발생하기 때문에 특히 주의를 할 필요가 있고, 모노터펜(monoterpene) 등 끓는점(boiling point)이 낮은 물질 중에는 수증기 증류 등에 의하여 성분이 파괴되는 물질도 있으며, 또 감압, 건조 중에 승화성 물질이 날아가 버리는 수도 있기 때문에 목적으로 하는 물질의 성질에 따라서 주의할 필요가 있다.

2 분획(Fraction)

다음의 과정에서는 얻어진 추출물(혹은 엑기스) 중에 함께 존재하는 다양한 물질을 비교적 지용성이 높은 화합물과 수용성이 높은 화합물로 분획하는 것, 즉 극성이 유사한 물질군으로 분획하는 것이 보통 행하여진다. 그 수단으로 실제 자주 사용되는 것은 ① 몇 가지의 용매를 사용해서 그 가용부와 불용부로 분획하거나 서로 섞이지 않는 두 용매(그 중 하나의 용매로 물이 자주 사용된다. 알칼로이드를 목적 화합물로 하는 경우에는 수층의 pH를 산성 또는 알칼리성 쪽으로 조정한다) 사이에서 분배하는 방법, ② 엑기스를 수용액으로 한 후, Amberlite XAD나 Diaion HP 등 폴리스타이렌(polystyrene)계 수지 칼럼을 통과시켜 유기 화합물을 흡착시킨 후(그 중에서 무기물, 당류, 아미노산 등 극성이 극히 큰 물질이 유출된다), 물 : 메탄올 혼합액(70:30, v/v), (40:60, v/v), 메탄올, 아세톤, 클로로폼 등의 순으로 유출시킴으로써 극성이 큰 화합물에서 작은 화합물의 순으로 유출, 분획하는 방법이다.

일반적으로 ①의 방법으로 먼저 착수한 후 ①과 ② 두 방법을 조합하는 것이 유효하다. 또한 ②에 기재한 폴리스타이렌계 수지는 역상계 흡착제의 성질을 나타내므로 지용성이 강한 물질을 보다 강하게 흡착하고, 또 수용성인 배당체라도, 예를 들면 방향족 화합물 배당체보다는 지환상 화합물 배당체쪽을 강하게 흡착한다. 어느 방법이라도, 사용용매의 pH 조정은 매우 중요한데 특히 대상 물질이 산성 또는 염기성하에서도 수용성이 있는 경우에는 pH 조정에 사용한 염류를 제거하는 탈염 조작이 필요하게 되므로 알칼로이드를 목적으로 하는 경우 외에는 사용하는 예가 드물다.

3 분리 과정의 추적

얻어진 유사물질의 혼합물에 대해서 혼합의 정도, 분리의 과정을 아래에 기술하는 방법으로 추적을 계속하여 더욱 상세한 분리를 행한다. 간편한 방법으로서 박층 크로마토그래피(thin layer chromatography, TLC) 또는 종이 크로마토그래피(paper chromatography, PC) 등으로 흡착제 및 전개 용매를 여러 가지 바꾸어서 Rf값의 이동, 스팟(spot)형의 변화(Rf값 0.2~0.7 정도에서 둥근 모양으로 되는 것이 바람직하다)를 검토한다. 검출 방법으로 자외선(UV) 흡광 검출(254 nm의 경우 형광제 혼합 TLC plate 사용, 365 nm), 묽은 황산 분무 후 가온에 의한 검출(주로 silica gel plate, 단, 안정한 휘발성, 승화성 물질은 검출되기 힘들다) 뿐만 아니라 여러 가지 정색 시약을 이용한 검출법도 적용해 보는 것이 좋다. 또 특정 화합물군에 속하는 물질만을 연구대상으로 정해 놓은 경우에는 특정한 정색 시약을 사용한다. 이러한 TLC, PC의 단계에서 어떤 Rf값을 나타내는 물질이 어떠한 성질을 가지는가(carboxylic acid, phenol, alkaloid, 당류, terpenoid·steroid, flavonoid, coumarin류, 아미노산 등)를 알 수 있다면 이상적인데 특히 정색 시약을 사용함으로써 검토해 볼 수 있다. 천연 유기 화합물의 대표적인 검출, 정색법은 다음과 같다.

① 알칼로이드(Alkaloid)

추출물 혹은 엑기스(extract) 0.5 g을 10% HCl 20~30 mL에 용해하고, 40~50 mL의 에테르로 진탕한 다음 수층을 분리하여 10% NH_4OH로 염기성으로 만든 다음, 클로로폼($CHCl_3$) 20~30 mL로 진탕하여 클로로폼층을 취하고 증발 농축한 후 소량의 10% 염산(HCl)에 용해하고, 필요하면 여과한 후 Mayer시약에 의한 백탁 또는 백색 침전의 생성 여부를 관찰한다.

- Mayer 시약: $HgCl_2$ 1.4 g과 KI 4.9 g을 물 100 mL에 녹여 만든다.

② 페놀(Phenol)성 물질, 플라보노이드(Flavonoid)

추출물 0.1 g을 물 또는 메탄올 5 mL에 녹이고, 10% NaOH 1 mL를 가하여 염기성으로 될 때 황색-적색으로 정색하는가 관찰한다.

③ 당(Sugar)

추출물 0.1 g을 물 2 mL에 녹이고, 필요하면 여과한 다음 Fehling 시약 5 mL에 가하고 열을 가할 때 적색 침전의 생성 여부를 관찰한다. 비환원성 당 또는 배당체는 검액을 10% 염산으로 가수분해하고 중화한 후 시험한다.

- 페링(Fehling) 시약: A액($CuSO_4 \cdot 5H_2O$ 7 g을 물 100 mL에 녹인다)과 B액(sodium potassium tartrate 35 g과 NaOH 100 g을 물 100 mL에 녹인다)을 미리 만들어두었다가 시험 직전에 같은 양을 혼합하여 사용한다.

④ 배당체, 탄수화물(Molish 반응)

추출물 0.1 g을 물 또는 메탄올 2 mL에 녹이고 20% α-나프톨에탄올(α-naphtol ethanol) 용액 1~2 방울을 가한 후 진한 황산을 기벽을 통하여 가할 때 경계면에 적자색환이 나타나는가 관찰한다.

⑤ 페놀성(Phenol)성 물질, 플라보노이드(Flavonoid), 탄닌(Tannin)

추출물 0.1 g을 물 또는 메탄올 5 mL에 녹이고 10% $FeCl_3$ 에탄올 용액 1~2 방울을 가할 때 자색–청색의 정색 여부를 관찰한다.

⑥ 단백질, 펩타이드(Biuret 반응)

추출물 0.1 g을 물 2 mL에 녹이고 필요하면 여과한 다음 10% NaOH 1 mL를 가하여 염기성으로 한 후, 1% $CuSO_4$를 1~2 방울 떨어뜨리고 청색–적자색의 정색 여부를 관찰한다.

⑦ 스테로이드(Steroid), 터페노이드(Terpenoid), 사포닌(Saponin) (Liebermann-Burchard 반응)

유리 접시에 무수초산 1방울을 떨어뜨리고 검체 0.5 mg을 용해한 후, 주변에 진한 황산 1방울을 떨어뜨리고 초자봉으로 살짝 접촉시킬 때 양쪽 액의 경계 부위가 적색–청색–녹색을 정색되는가 관찰한다.

⑧ 프라보노이드

추출물 0.1 g을 메탄올 3 mL에 녹이고, 염산 0.2 mL를 가한 다음, 마그네슘(Mg) 분말을 소량 가하고 실온에서 방치할 때 황적색–적색으로 정색되는가 관찰한다.

⑨ 정유

추출물 0.1 g을 메탄올 2 mL에 녹이고, 필요하면 여과한 다음, 피크릭산(picric acid) 알코올 포화 용액 1 mL를 가할 때 혼탁 또는 침전의 생성 여부를 관찰한다.

⑩ 불포화 화합물

추출물 0.1 g을 메탄올 5 mL에 녹이고, 필요하면 여과한 다음, 10% Br_2 빙초산 용액을 가할 때 Br_2의 적색이 소실하는가 관찰한다.

⑪ 유기산

추출물 0.1 g을 물 또는 메탄올 2 mL에 녹이고 필요하면 여과한 다음, 5% $AgNO_3$ 알코올 용액을 가할 때 혼탁 또는 침전의 생성 여부를 관찰한다.

4 분리(Separation) 및 정제(Purification)

앞으로의 실험 대상인 화합물이 분획이 되었다면 분리, 정제의 조작을 행한다. 그 수단으로 분별 침전, 재결정과 같은 침전법, 분별 증류, 승화, 분배 등은 그전부터 행해져 왔으나 크로마토그래피를 이용하는 방법이 최근 크게 진보하였다. 이것은 고정상과 이동상 사이에서의 흡착 또는 분배를 이용한 분리법으로서 일반적으로 고정상이 고체인 것은 흡착형, 액체인 경우는 분배형으로 기체 크로마토그래피(gas chromatography, GC)와 액체 크로마토그래피(liquid chromatography, LC)로 분류된다. 고정상의 극성, 이동상 용매의 극성의 대소의 조합에 의해 순상 혹은 정상 크로마토그래피(normal phase(NP) chromatography) 및 역상 크로마토그래피(reversed phase(RP) chromatography)로 분류된다. 즉, 극성이 큰 고정상은 극성이 큰 물질에 대하여 친화성이 강하며 이동상을 극성이 작은 것에서 큰 것으로 변화시키면 극성이 작은 것부터 용출되는데, 이것을 정상 크로마토그래피라 하며, 이와 반대로 움직이는 것이 역상 크로마토그래피이다.

중요한 크로마토그래피의 종류로는 흡착(adsorption chromatography), 분배(partition chromatography), 여지(paper chromatography, PC), 박층(thin layer chromatography, TLC), 이온 교환(ion exchange chromatography, IEC), 고성능 액체(high performance liquid chromatography, HPLC), 기체 크로마토그래피(gas chromatography, GC) 등이 있다. 다음 각각의 크로마토그래피에 대하여 간단히 설명한다.

① 액체 크로마토그래피(Liquid chromatography)

실리카 젤(다공질의 무수 규소산, SiO_2의 분말)과 같이 수분을 지니기 쉬운 담체를 칼럼에 충전하고 물과 혼합되지 않는 용매에 녹인 혼합물(시료)을 주입한다. 이어서 같은 용매를 같은 방향으로 주입하면 담체 표면의 물과 흘러내려 가는 용매간의 용질(시료)의 분배가 일어나고 분배율에 따라 용출하게 되므로 물에 대한 분배율이 적을수록 충전된 칼럼을 빨리 통과하게 된다. 이러한 원리로 시행하는 것이 액체 크로마토그래피이다. 한편 실리카 젤과 같은 담체를 사용하지 않고 유리관 등의 안에 있는 고정상과 그 안을 흐르는 이동상간의 분배를 이용한 향류 분배 크로마토그래피(CCC: counter-current chromatography), 액적 향류 분배 크로마토그래피(DCCC: droplet counter current chromatography), 원심 향류 분배 크로마토그래피(CPC: centrifugal partition chromatography) 등이 있다.

② **기체 크로마토그래피**(Gas chromatography)

이동상의 속도는 액체보다 기체가 빠르며 용질이 기화가 가능한 경우 실리카 젤 등의 표면에 부착시킨 고정상 액체와 질소 가스 등의 기체 이동상간의 분배가 일어나도록 한 것이 기체 크로마토그래피이다.

③ **여지 크로마토그래피**(Paper chromatography)

고정상 담체로서 여과지를 이용하여 밀폐시킨 용기 중에 이동상 용매(전개 용매)를 빨아올림으로써 혼합물을 전개시켜 정색 시약이나 자외선에 의해 여지상에서 관찰하는 것이 여지 크로마토그래피이다. 재현성이 뛰어나 당류의 분석에 많이 사용되고 있다.

④ **박층 크로마토그래피**(Thin layer chromatography)

여지 대신에 유리판, 알루미늄판, 플라스틱의 판 위에 실리카 젤 분말 등의 고정상을 두께 0.25 mm 정도로 입힌 것을 사용하는 것을 박층 크로마토그래피(TLC: thin layer chromatography)라 한다. 짧은 시간 내에 전개시킬 수 있고 고정상과 정색 시약의 선택이 자유로워 혼합물의 분리에 널리 쓰이고 있는 크로마토그래피이다.

⑤ **역상 크로마토그래피**(Reversed-phase chromatography)

실리카 젤 담체의 표면에 실리콘 수지를 부착시키거나 또는 표면을 화학적으로 알킬화시킨 것이 있다. 비수계의 용매를 고정상으로 흡착시키고 이러한 고정상은 극성이 작은 물질에 대하여 친화성이 강하며 극성이 큰 물질에 대하여는 친화성이 약하다. 이동상에 물이나 메탄올 등의 수계용매를 사용하면 극성이 큰 물질부터 용출되며, 이러한 역상 크로마토그래피는 배당체 등의 수용성 유기 화합물의 분리에 적당하다.

⑥ **흡착 크로마토그래피**(Adsorption chromatography)

액상이나 기상간의 분배에 의한 크로마토그래피가 아닌 Al_2O_3나 MgO 등의 흡착 활성이 강한 고체 표면에서 일어나는 흡착-용출을 응용한 크로마토그래피이다.

⑦ **고성능 액체 크로마토그래피**(High-performance liquid chromatography)

고성능 액체 크로마토그래피는 이동상으로 액체를 사용하고 압력을 가하여 강제로 고정상을 통과시키는 방법이다. 모든 비휘발성 물질을 분석할 수 있으며 HPLC는 보통 칼럼 크로마토그래피용보다 미세하고 입도가 가지런한 충전제를 이용하여 분석 시간을 단축시킬 수 있다. 최근 급속한 진전을 하여 충전제도 흡착, 분배, 이온 교환 등이 가능하여 모든 물질의 분석이 가능하게 되었다. 분리능도 GC에 육박할 정도로 물질의 미량 분석, 분리 동정, 순도 검정, 분리 정량에 널리 이용되고 있다.

일단 단리에 성공하고 대상 화합물의 화학적·물리적 성질이 어느 정도 밝혀진 단계에서는 다시 한 번 추출·분리·정제의 전 조작을 재검토하여 가능한 불필요한 조작을 배제하고 보다 효율적인 조작의 도입을 시도하여야 한다. 다음은 식물로부터 배당체의 추출, 분리, 정제에 대한 예를 기술하고 있다.

3-2 배당체의 추출, 분리 및 정제

배당체는 당류의 헤미아세탈(hemiacetal) 수산기와 당 이외의 물질이 결합한 비교적 극성이 높은 물질이다. 그러므로 배당체의 추출에는 일반적으로 극성이 높은 용매가 필요하다. 가격이 싸면서 추출 후의 농축 처리가 용이한 것으로 거의 모든 경우 메탄올 또는 함수 메탄올이 이용된다. 때에 따라서는 함수 에탄올 및 물이 이용되는 경우도 있다. 얻어진 추출액을 감압하에서 농축한 후 찌꺼기를 물에 현탁하여 에테르, 헥세인(hexane), 벤젠(benzene) 혹은 클로로폼(chloroform) 등의 유기 용매로 세척하여 가능한 지용성 물질을 제거한다. 대부분의 배당체는 물층에 남으나, 그 외에 당류, 아미노산 등 공존하는 수용성 물질과 분리하기 위하여 이 수층을 다공성 수지 Diaion HP-20(스타이렌과 다이바이닐벤젠의 중합체) 또는 Amberlite XAD-2 이온 교환 수지를 충전한 분리관(column)에 통과시킨다. 이들 수지는 지용성이 높은 물질일수록 잘 흡착하는 성질을 가지고 있는데, 예를 들면 물, 함수 메탄올, 클로로폼(chloroform)의 순으로 용출시킴으로써 수용성 물질에서 지용성 물질까지 순차 분획할 수 있다. 이 방법에 의해 배당체는 대개의 경우 함수 메탄올, 또는 메탄올로 용출된다. 배당체의 혼합물에서 개개의 배당체를 단리하기 위하여서는 각종 칼럼 크로마토그래피가 이용된다. 담체로서 가장 많이 사용되는 것은 순상 실리카 젤(normal silica gel)이다. 이 경우 용출 용매로서는 두 종 이상의 혼합 용매계가 이용된다. 예를 들면, 클로로폼-메탄올-물, 뷰탄올-에틸아세테이트-물 등의 다양한 비율의 혼합 용매이다. Lichroprep RP-8, RP-18 등의 역상 실리카 젤이 잘 변용된다. 또한 최근에는 배당체의 순도 검정뿐만 아니라 분리·정제에도 유효한 수단인 HPLC를 병용함으로써 더욱 순도가 높은 배당체를 얻을 수 있다. 예를 들면, 물-아세토니트릴, 물-메탄올을 용매로 한 ODS 칼럼, NH_2 칼럼 등이 잘 이용된다. 그 이외에 배당체의 분리·정제에 유효한 수단으로는 두 액상 간의 분배 계수의 차를 이용해서 혼합물을 분리하는 DCCC가 자주 이용된다.

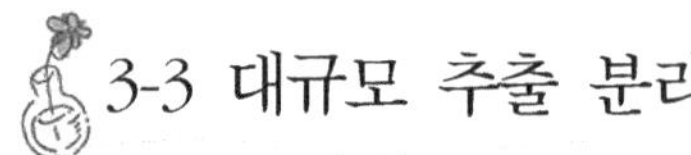

3-3 대규모 추출 분리

1 추출

건조된 재료는 메탄올로 추출하는 것이 좋다. 알코올은 세포막을 파괴하므로 세포내의 성분을 추출할 수 있으나 에테르 또는 클로로폼 같은 비극성 용매로는 세포내 성분을 용출시킬 수 없다. 지용성 성분을 추출할 때는 다이클로로메테인(CH_2Cl_2)으로 추출하는 것보다 재료를 먼저 메탄올에 담가두었다가 CH_2Cl_2로 추출하는 쪽이 좋은 결과를 얻을 수 있다. 이러한 경우에는 CH_2Cl_2와 메탄올(1:1, v/v) 혼합 용매로 추출한다. 씨 또는 왁스(wax)가 많은 잎 같은 재료는 먼저 석유 에테르로 기름 성분을 제거한 다음 메탄올로 추출한다. 열에 불안전한 천연물을 추출할 때에는 초임계 유체(supercritical fluid)를 사용하여 좋은 성과를 얻고 있다. 실온에서 기체인 CO_2, NO_2, NH_3 등에다 압력을 가하여 유체 상태로 만들고 소량의 물 또는 메탄올을 첨가하여 사용한다.

2 액체 분배법(상분리)

석유 에테르로 탈지한 재료를 에탄올로 온침하고 감압 농축 후 물을 가한 다음(물에 난용성인 배당체 또는 사포닌은 침전됨) 석출물이 있으면 여과하고, 여액을 에테르 또는 클로로폼으로 추출하면 극성이 적은 페놀성 물질, 터페노이드, 알칼로이드 같은 물질이 이행 분리된다. 수층을 뷰탄올 또는 에틸아세테이트로 충분히 추출하면 극성이 큰 플라보이드, 배당체 또는 사포닌이 이행 분리된다.

3 Stass Otto법

알칼로이드(alkaloid)를 추출할 때 사용하는 방법으로, 재료를 주석산 산성에서 에탄올로 온침여과하고, 물층을 감압하에서 농축한다. 이때 수지 물질, chlorophyll 등이 석출될 때에는 여과하여 분리하고, 더 증발 농축한다. 농축액에 무수 에탄올을 가하고 불순물이 있으면 여과하고, 이를 다시 증발 건조한 후 이에 가급적 소량의 물을 가하여 용해한다. 여기에는 염, 유기산, 배당체, 고미질, 알칼로이드 등이 용존할 가능성이 있다. 이 수용액을 에테르층으로 이행한다. 산성 수용액은 수산화 포타슘(KOH)을 가하여 센 알칼리성으로 한 후 클로로폼으로 추출하면 페놀성 알칼로이드가 클로로폼으로 이행된다. 이 수산화 포타슘 염기성 수침액에 염화 암모늄(NH_4Cl)을 가하여 염기성 암모니아로 한 다음 클로로폼으로 추출하면 페놀성 -OH기를 갖고 있는 알칼로이드가 이행 분리된다. 수용액 층에는 4급 알칼로이드 또는 *N*-oxide 등이 남게 된다.

4 납염 침전법

일반적으로 산성인 유기 물질은 난용성 납염이 되며, -OH기, -CHO기, -CO기를 가진 물질은 납화합물과 착염을 이루는 경향이 있는데 이러한 성질을 이용한 추출 분리법이 납염 침전법이다. 재료를 석유 에테르로 처리하여 유분을 제거한 후, 에탄올 또는 물로 충분히 추출하여 추출액에 초산납 용액을 침전이 더 이상 석출하지 않을 때까지 가한다. 이때 탄닌, 산성 사포닌, 유기산, 단백질, 점액이 침전으로 떨어진다. 이것을 여과 후, 여액에 염기성 초산납 용액을 가하면 중성 사포닌, 배당체가 침전으로 떨어진다. 각 침전물을 물에 현탁한 다음 H_2S를 첨가하여 납(Pb)을 제거한 후 이산화 탄소(CO_2)를 도입시켜 과잉의 H_2S를 없애고 증발 농축한다. 황화 납(PbS)은 흡착력이 커서 여러 성분을 흡착하게 되므로 주의한다.

5 배양액 성분의 분리

식물삼출액, 수침액 또는 배양액 같은 수용액은 석유 에테르, 클로로폼, 에틸아세테이트, 뷰탄올 순으로 분배 추출하는 방법으로 천연물을 분리하거나 대량의 알코올 또는 아세톤을 가하여 침전 분리할 수 있다. 또한, Amberlite XZD-2 또는 XAD-4 (polystyrene-divinylbenzene) 수지 분리관(resin column)을 통과시켜 유기물을 수지에 흡착시킨 후 함수 아세톤 또는 함수 메탄올로 용출시키는 방법도 많이 사용된다. 재료에 1~5% 정도의 NaCl을 첨가하면 좋은 결과를 얻을 수 있다. 활성탄 같은 흡착제도 사용된다. 목적물질이 산성 또는 염기성 물질인 경우 이온 교환 수지를 통과시킨다. 추출 분리하여 얻은 농축된 추출물은 방치해둘 때 결정이 생성될 수 있는데, 이때는 여과 후 크로마토그래피법으로 단일 물질인가를 검사한다. 단일 물질인 경우 재결정으로 정제하고, 물리화학적 성질을 조사한다. 그러나 대부분의 경우 결정을 얻기 힘들 뿐만 아니라 결정이 생겼다 하더라도 몇 개 성분의 혼합물인 때가 많다. 이때에는 적당한 용매로 녹이고 크로마토그래피법으로 분리를 시도한다.

3-4 허브 성분 추출 방법

약용 식물(허브)의 성분 분석을 위해 추출(extraction) 또는 시료 준비(sample preparation)는 가장 선행되어야 할 결정적인 단계이다. 이 장에서는 기존의 전통적인 방법과 함께 근래에 도입된 첨단 기술들을 소개하도록 할 것이다. 새로운 방법들은 유기 용매의 사용을 줄이고, 크로마토그래피 분석 이전 단계에서 요구되었던 시료의 전처리(sample clean-up)와 농축 단계를 생략할 수 있으며, 추출의 효율과 선택성의 개선을 기대할 수 있고, 자동화의 용이성 등의 이점이 있다. 이러한 첨단 기법으로는 고체상 마이크로 추출법(solid-phase micro extraction: SPME), 초임계 유체 추출법(supercritical-fluid extraction: SFE), 가압 액체 추출법(pressurized-liquid extraction: PLE), 마이크로웨이브를 이용한 추출법(microwave-assisted extraction: MAE), 고체상 추출법(solid-phase extraction: SPE) 등을 들 수 있다.

1 고체-액체 추출법(Solid-Liquid extraction: Soxhlet extraction)

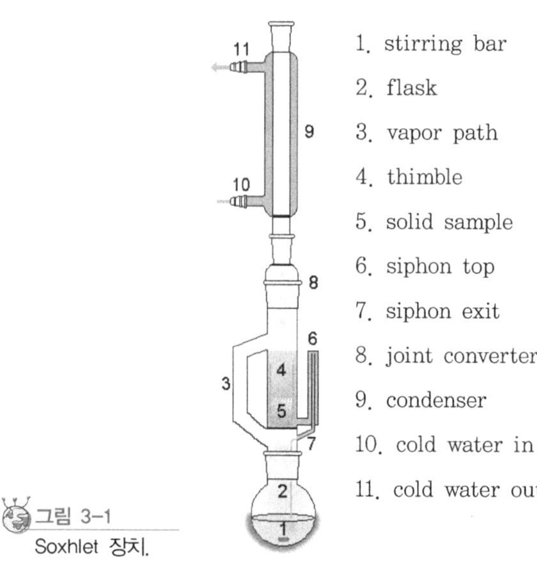

1. stirring bar
2. flask
3. vapor path
4. thimble
5. solid sample
6. siphon top
7. siphon exit
8. joint converter
9. condenser
10. cold water in
11. cold water out

그림 3-1
Soxhlet 장치.

고체 입자에 함유되어 있는 성분을 추출하기 위한 방법으로는 일반적으로 Soxhlet 장치를 사용한다. 그림 3-1과 같이 고체 시료는 장치(chamber) 안에 있는 다공성 골무(thimble)(4) 안에 그리고 추출 용매는 아래에 있는 플라스크(2)에 넣는다. 용매가 가열되어 환류(reflux)되면 증류액(distillate)은 냉각기에서 응축되어 chamber 안으로 모인다. 골무 안의 고체가 미지근한 용매와 접촉하면서 용매가 추출을 하게 된다. 용매가 siphon arm의 꼭대기(6)까지 차면 사이폰의 작용에 의해 용액이 다시 플라스크 안으로 떨어진다. 이 과정은 원하는 성분이 효과적으로 추출될 때까지 반복해서 진행된다. 이 방법은 간단한 장치만으로도 추출이 가능하므로 실험실에서 많이 사용되지만 수 시간에서 며칠씩 걸릴 수도 있으며, 추출된 성분을 오랫동안 플라스크에서 가열하기 때문에 열에 불안정한 성분은 분해될 수 있는 단점이 있다.

2 Headspace법(HS)

식물의 약용 성질은 일부 휘발성 물질이 연관된 경우가 많기 때문에 흔히 GC-MS 등을 이용하여 휘발성 성분을 분석한다. 이 경우 용매를 사용하지 않고 휘발성 성분을 직접 고체상 마이크로 추출법(SPME)을 이용해 흡착시키는 방법이 효율적이다. SPME법은 고정상이 코팅되어 흡착제의 역할을 하는 fused-silica fiber와 그것을 부착하고 있는 홀더(holder)로 구성되어 있다. 위의 플런저(plunger)를 누르면 주사기 바늘(needle) 내에 들어 있는 fiber가 밖으로 나오고, 이를 시료에 주입하면 원하는 분석 물질이 고정상에 흡착되어 추출된다. 플런저를 위로 올려 이 fiber가 다시 바늘 안으로 들어가고 이를 그대로 GC 주입구의 셉타(septa)를 뚫어 꽂은 뒤 다시 플런저를 눌러 fiber를 노출시키면 주입구의 고온에 의해 분석 물질이 탈착되어 분리관으로 주입된다. 고정상의 종류나 코팅의 두께 등은 분석하고자 하는 성분들의 극성과 분자량 등에 따라 선택할 수 있도록 다양한 종류가 상용화되어 있다.

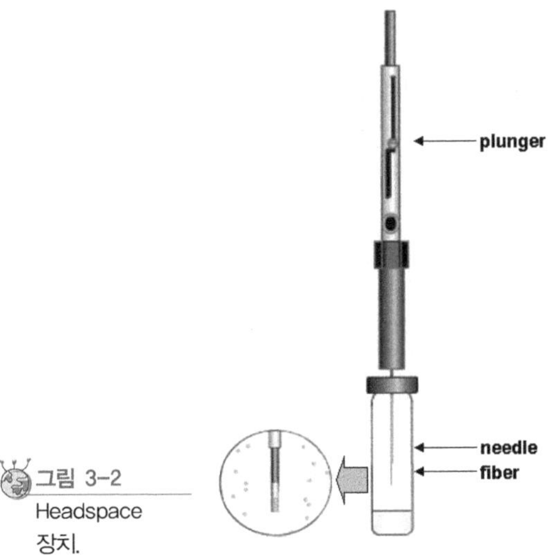

그림 3-2 Headspace 장치.

3 초임계 유체 추출법(SFE)

❶ 초임계 유체란?(Supercritical Fluid, SCF)

초임계 유체는 어떤 물질의 열역학적 임계점(critical point) 이상의 온도와 압력 상태에 있는 물질을 말한다(그림 3-3). 이 상태에서는 기체상과 액체상의 밀도가 같아져 그 경계면의 구분이 없어지게 된다. 초임계 유체의 특징은 기체와 같이 고체 속으로의 확산성이 높으며, 액체와 같이 물질에 대한 용해성이 높은 성질을 갖고 있다. 이와 같은 성질이 초임계 유체를 유기 용매 대신에 사용할 수 있는 근거가 된다. 가장 많이 쓰이는 초임계 유체는 이산화 탄소(CO_2)와 물(H_2O)을 들 수 있으며, 여러 용매들의 초임계 성질을 아래 표 3-2에 소개하였다.

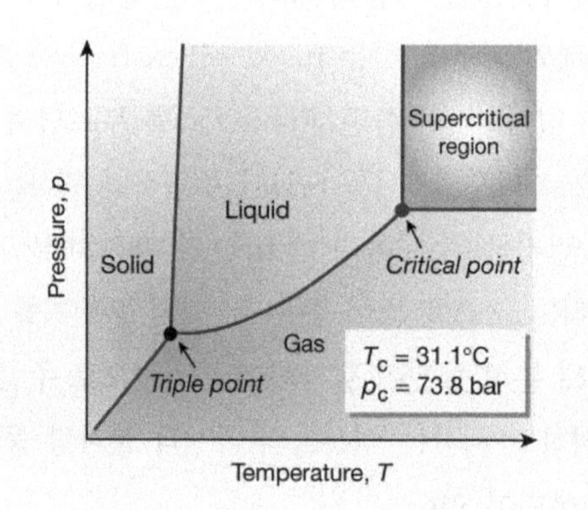

그림 3-3
CO_2의 상도표.

표 3-2 용매들의 초임계 성질

	분자량(g/mol)	임계 온도(℃)	임계 압력(MPa, atm)	밀도(g/cm^3)
Carbon dioxide	44.01	31.1	7.38(72.8)	0.469
Water	18.02	374.0	22.12(218.3)	0.348
Methane	16.04	-82.9	4.60(45.4)	0.162
Ethane	30.07	32.0	4.87(48.1)	0.203
Propane	44.09	96.5	4.25(41.9)	0.217
Ethylene	28.05	9.1	5.04(49.7)	0.215
Propylene	42.08	91.6	4.60(45.4)	0.232
Methanol	32.04	239.3	8.09(79.8)	0.272
Ethanol	46.07	240.6	6.14(60.6)	0.276
Acetone	58.08	234.8	4.70(46.4)	0.278

SFE법(그림 3-4)은 식물로부터 정유(essential oil) 등을 추출하는데 사용하는 일반적인 방법이며 산업체에서는 여러 해 전부터 쓰여 왔다. 즉, 탈카페인 커피(decaffeinated coffee), 담배로부터 니코틴 제거, 호프로부터 bitter acid 추출, 그리고 앞으로는 환경보호를 위하여 드라이크리닝 등에도 이용하고자 하고 있다. SFE의 장점은 다음과 같이 요약할 수 있다.

- 초임계 유체가 비교적 낮은 점도(viscosity)와 높은 확산도(diffusivity)를 갖기 때문에 다공성인 고체 속으로 쉽게 침투될 수 있어 액체에 비해 훨씬 빠른 속도로 추출이 가능하다.
- SFE에서는 새 유체를 계속해서 시료를 통해 흘려 줄 수 있기 때문에 정량적이고 완전한 추출이 가능하다.
- 압력과 온도의 변화에 의해 solvation power를 조절할 수 있어서 높은 선택성을 보인다.
- 초임계 이산화 탄소에 용해된 용질은 압력을 줄임으로써 쉽게 분리할 수 있다.
- SFE는 비교적 낮은 온도에서 하기 때문에 열적으로 불안정한 물질도 추출할 수 있다.
- 액체 추출법에 비해 훨씬 효율이 좋기 때문에 작은 양의 시료에도 사용할 수 있다.
- SFE에서는 유기 용매를 전혀 쓰지 않거나 아주 작은 양만 사용하여도 된다.
- 대용량 추출 시에는 이산화 탄소를 쉽게 재활용할 수 있다.

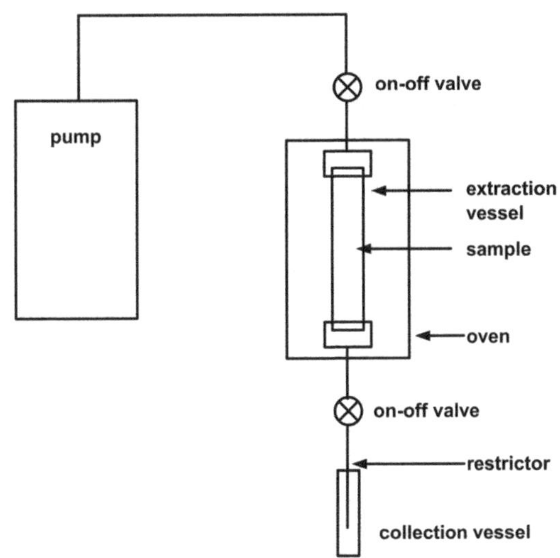

그림 3-4
초임계추출(SFE) 장치.

SFE를 off-line으로 추출용으로만 사용할 수도 있지만 SFE-GC, SFE-HPLC, SFE-SFC, SFE-FTIR, SFE-MS 등과 같이 다양한 분석장비와 온라인(on-line)으로

융합한 기기들이 가능하다. 직접 분석기기와 연결하기 때문에 시료처리가 필요 없으며 시료의 손실이나 오염의 염려가 없고 빠른 시간에 분석까지 가능하다는 것이 큰 장점이다. 그러나 시료가 추출 후 바로 분석장비로 들어가기 때문에 추출되는 성분들의 성질을 미리 이해하고 있어야 한다.

❷ 추출에 영향을 주는 요소

성공적인 추출을 위해서는 원하는 용질이 사용하고자 하는 초임계 유체에 충분한 용해도를 가져야 한다. 이산화 탄소는 낮은 임계점, 무독성, 불연성, 그리고 저렴한 가격 때문에 가장 많이 쓰인다. 주로 비극성 분자를 잘 용해시키지만 사중극자 모멘트(quadrupole moment)가 크기 때문에 alcohol, ester, aldehyde, ketone 등과 같이 극성이 적은 분자도 녹일 수 있다. 또한 압력과 온도에 따라 용해성을 조절할 수 있기 때문에 시료의 분획추출도 가능하다. 아미노산 등과 같이 극성이 매우 큰 화합물들은 용해도가 극히 낮기 때문에 더 극성이 큰 초임계 유체를 사용하거나 아래 표 3-3과 같은 변성제(modifier)를 첨가하여야 한다.

표 3-3 SFE에서 CO_2 변성제로 사용되는 대표적인 용매

변성제	임계 온도(℃)	임계 압력(atm)	분자량	유전 상수	극성지수
Methanol	239.4	79.9	32.04	32.70	5.1
Ethanol	243.0	63.0	46.07	24.3	4.3
Propan-1-ol	263.5	51.0	60.10	20.33	4.0
Propan-2-ol	235.1	47.0	60.10	19.3	3.9
Hexan-1-ol	336.8	40.0	102.18	13.3	3.5
2-Methoxyethanol	302	52.2	76.10	16.93	5.5
Tetrahydrofuran	267.0	51.2	72.11	7.58	4.0
1,4-Dioxane	314	51.4	88.11	2.25	4.8
Acetonitrile	275	47.7	41.05	37.5	5.8
Dichloromethane	237	60.0	84.93	8.93	3.1
Chloroform	263.2	54.2	119.38	4.81	4.1
Propylene carbonate	352.0	-	102.09	69.0	6.1
N,N-Dimethylacetamide	384	-	87.12	37.78	6.5
Dimethylsulfoxide	465.0	-	78.13	46.68	7.2
Formic acid	307	-	46.02	58.5	-
Water	374.1	217.6	18.01	80.1	10.2
Carbon disulfide	279	78.0	76.13	2.64	-

변성제를 사용할 때는 유체 혼합물이 초임계 상태인지를 확실히 하여야 한다. 예를

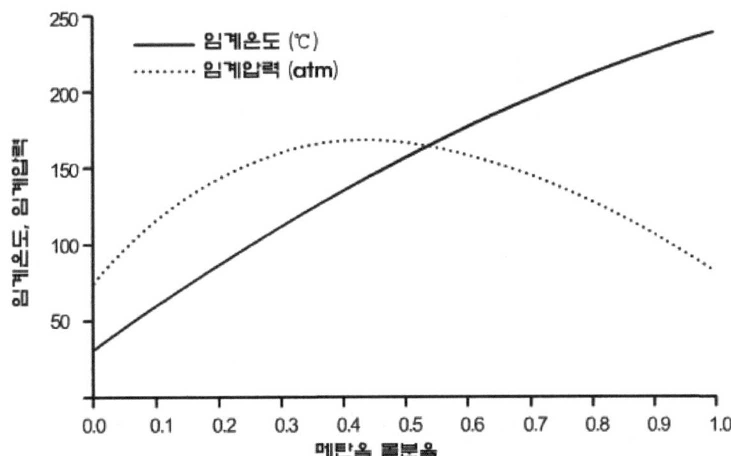

그림 3-5
CO_2와 methanol 혼합물의 몰분율과 임계 온도, 압력 사이의 상호관계.

들면, 그림 3-5는 CO_2 : MeOH 혼합물의 몰분율에 따른 임계 온도와 압력의 상관 관계를 보여 준다. 메탄올의 몰분율이 0.2일 때 초임계 상태를 유지하기 위해서는 80℃ 이상에서 148 atm의 압력하에서 작동해야 한다.

4 마이크로파를 이용한 추출법(MAE)

❶ 원리와 가열 메커니즘

마이크로파는 0.3 ~ 300 GHz의 진동수를 갖는 전자기파를 말하며, 방송과의 간섭을 피하기 위하여 가정용이나 산업용 마이크로파는 대개 2.45 GHz에서 작동한다(그림 3-6). 전자기파의 특성상 마이크로파도 서로 수직인 전기장과 자기장을 포함한다. 전기장은 쌍극자 회전(dipolar rotation)과 이온 전도(ionic conduction)의 두 메커니즘에 의해 가열된다.

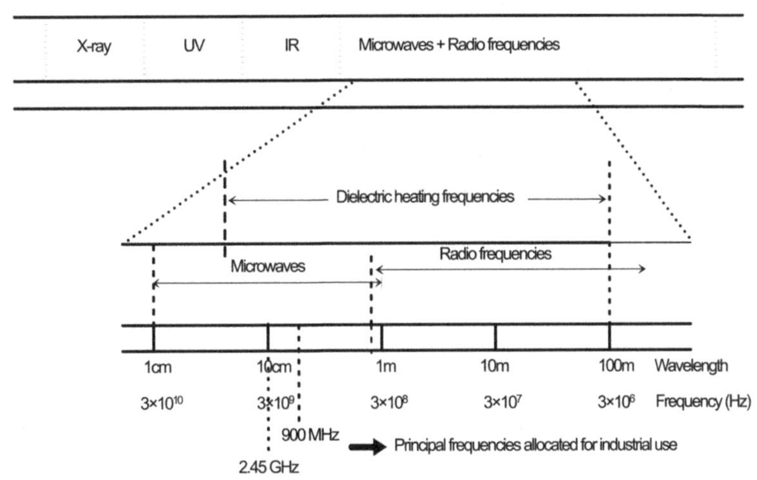

그림 3-6
전자기장 스펙트럼.

쌍극자 회전이란 용매나 용질 분자가 쌍극자 모멘트를 가질 때 전기장에 따라 배열하는 것을 말하고, 이와 같은 진동에 의해 주위 분자들과 충돌하게 되어 주위에 열에너지를 전달하는 것이다. 진동수가 2.45 GHz일 때 이 현상이 초당 4.9×10^9번 일어난다. 따라서 용매의 유전 상수(표 3-4)가 크면 클수록 가열이 효율적이며, 고전적인 대류에 의한 가열과는 달리 시료 전체를 동시에 가열할 수 있는 것이다(그림 3-7). 매질의 점도가 높으면 분자의 회전에 영향을 주어 이와 같은 효과가 감소된다.

표 3-4 흔히 쓰이는 용매의 유전 상수와 쌍극자 모멘트.

용매	유전 상수(20℃)	쌍극자 모멘트(25℃; debye)
Hexane	1.89	< 0.1
Toluene	2.4	0.36
Methylene chloride	8.9	1.14
Acetone	20.7	2.69
Ethanol	24.3	1.69
Methanol	32.6	2.87
Water	78.5	1.87

이온 전류도 전기장에 의해 유발되는데, 매질이 전류를 잘 흘리지 못하면 마찰이 일어나 줄효과(Joule effect)에 의해 열이 발생된다. 이 현상은 용액 안의 이온의 크기와 전하에 의해 결정된다.

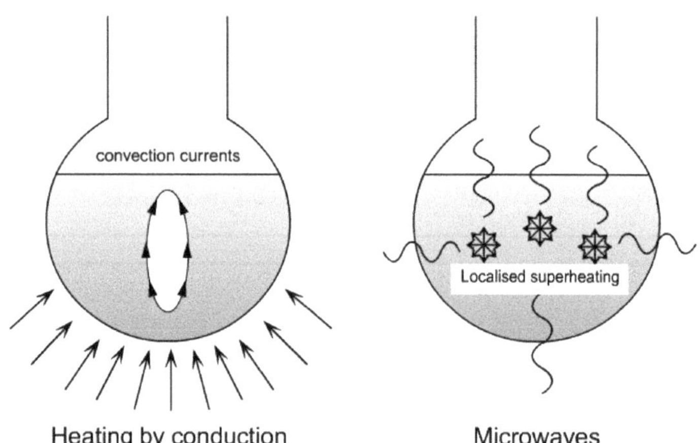

그림 3-7 대류에 의한 가열법과 마이크로파에 의한 가열.

전통적인 액체-고체 추출법인 속슬렛법(Soxhlet extraction)은 매우 긴 시간이 필요한 반면(대개 3~48시간), 마이크로파 에너지를 이용하는 MAE는 추출 시간을 훨씬 단축시킬 수 있다(대개 30분 이내). 또한 MAE는 속슬렛법에 비해 훨씬 작은 양의 유기 용매를 사용할 수도 있다. MAE법을 최적화하는 데 용매의 조성, 용매의 부피, 추출 온도, 매트릭스의 특성 등이 식물체 추출에서 가장 중요한 요소이다. 예를 들면, 로즈마리나 페퍼민트 잎을 추출할 때, 잎에는 수분이 존재하기 때문에, 마이크로파(microwave)에 헥세인(hexane) 같이 투명한 용매를 쓸 경우 정유(essential oil)를 아주 빨리 추출할 수 있다. 이는 세포 내의 수분이 급속히 기화해서 세포 조직이 터지고 비극성인 essential oil이 유기 용매(hexane)에 더 효율적으로 녹아 나오기 때문이다. 반면에 극성인 용질을 추출하고자 할 때는 에탄올이나 물과 같이 마이크로파를 흡수하는 용매를 사용하는 것이 효율적이다.

❷ 기기 장치(Instrumentation)

두 가지 종류의 장치가 상용화되어 있으며 서로 다른 방식을 사용한다. 폐쇄 용기 시스템(closed vessel system)은 압력과 온도를 조절한 상태에서 폐쇄된 용기를 사용하는 것이고, 개방 용기 시스템(open vessel system)은 대기압하에서 열린 용기를 사용하는 것이다. 한 가지 강조할 점은 주방용 전자레인지를 사용하여서는 안 된다는 것이다. 가연성의 유기 용매를 사용할 때 매우 위험하고 마이크로파 에너지가 균일하지 않아 재현성이 떨어지기 때문이다. 그림 3-8과 그림 3-9에 두 가지 종류가 소개되어 있다.

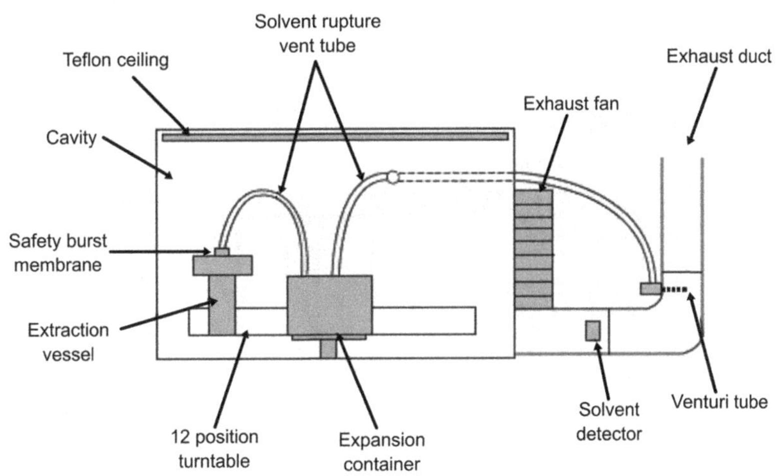

그림 3-8
마이크로파 추출법을 위한 닫힌 시스템.

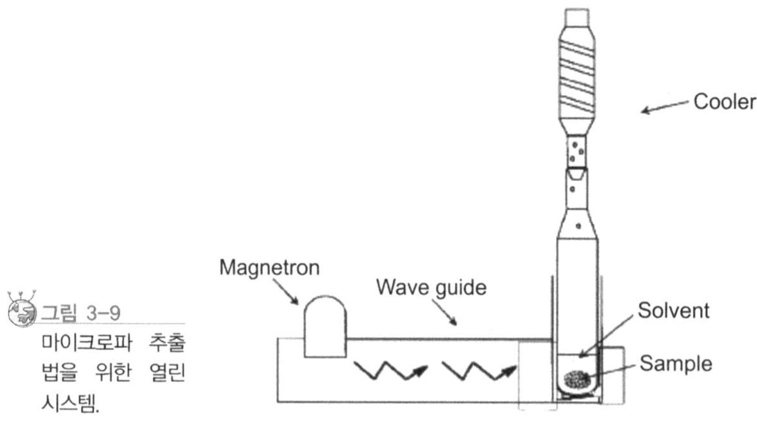

그림 3-9
마이크로파 추출법을 위한 열린 시스템.

5 가압 액체 추출법(PLE)

식물체 등의 고체 매트릭스로부터 신속하고 효율적으로 시료를 추출하기 위해서는 추출 온도가 중요한 요소이다. 그러나 용매를 높은 온도에서 액체 상태로 유지하기 위해서는 높은 압력이 필요하다. 이 방법은 매우 오래 전에 알려진 방법이지만 비교적 최근에 관심을 끌게 된 방법이기도 하다. 특히 고속 용매 추출기(accelerated solvent extractor: ASE)라는 이름으로 상용화된 기기가 소개된 이후로 주목을 받고 있다. 흥미로운 결과로는, 항암 효과가 탁월한 탁솔(taxol)은 주목나무의 껍질을 기존의 방법으로는 거의 추출되지 않으나, 고온과 고압에서 PLE법을 사용하면 현저히 추출 효과가 증가하는 것으로 보고되었다.

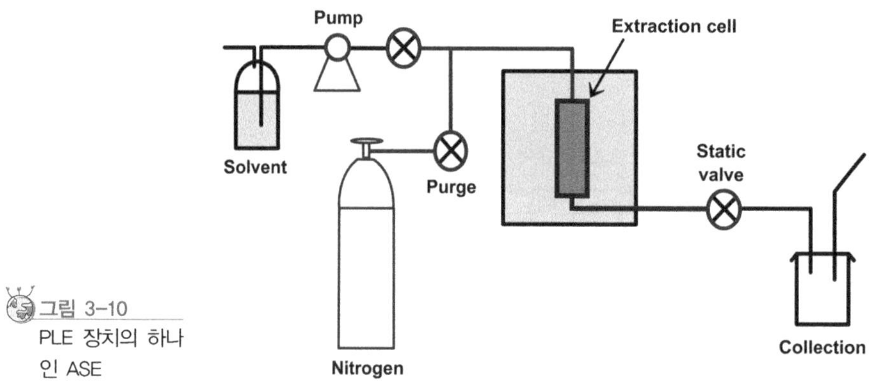

그림 3-10
PLE 장치의 하나인 ASE

그림 3-10에 PLE 장치의 하나인 ASE를 소개하였다. ASE와 SFE는 서로 상보적이라 할 수 있다. 전자는 극성 화합물을 추출할 수 있도록 해 주며, 후자는 낮거나 중간 정도

의 극성을 가진 화합물에 더 선택적이다.

6 고체상 추출법(SPE)

고전적이든 첨단 추출법이든 공통적인 문제점은 GC나 LC 분석 전에 흔히 clean-up 과정이 필요하다는 것이다. 약용식물의 경우 속슬렛법, MAE, 그리고 PLE법 등은 비교적 많은 양의 바람직하지 않은 성분들이 함께 추출된다(예: lipids, sterols, chlorophylls 등). SPE는 LC의 원리에 기반을 둔 전처리 방법이다. 실리카 젤이나 합성수지 등을 화학적으로 개질한 흡착제들을 사용할 수 있으며, 역상(reverse-phase: C_2, C_8, C_{18}), 양이온 교환, 또는 음이온 교환 등을 선택할 수 있다. 특히 수분 함량이 많은 시료 매트릭스의 처리에 적합하다.

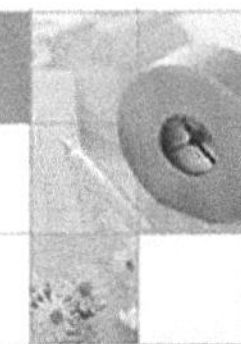

참고문헌

1. "천연물 화학연구법" *서울대학교출판부* 9–17.
2. "천연물 화학" *영림출판사* 26.
3. Snyder, L. R. "Introduction to Mordern Liquid Chromatography" *A Wiley–Interscience Publication.*
4. Huie, C. W. "A review of modern sample–preparation techniques for the extraction and analysis of medicinal plants" *Anal. Bioanal. Chem.* 2002, 373, 23–30.
5. (a) Arthur, C. L.; Pawliszyn, J. "Solid phase microextraction with thermal desorption using fused silica optical fibers" *Anal. Chem.* 1990, 62, 2145–2148. (b) Buchholz, K. D.; Pawliszyn, J. "Optimization of solid–phase microextraction conditions for determination of phenols" *Anal. Chem.* 1994, 66, 160–167.
6. Modey, W. K.; Mulholland, D. A.; Raynor, M. E. "Analytical Supercritical Fluid Extraction of Natural Products" *Phytochem Anal.* 1996, 7, 1–15.
7. Lang, Q.; Wai, C. M. "Supercritical fluid extraction in herbal and natural product studies — a practical review" *Talanta* 2001, 53, 771–782.
8. Camel, V. "Recent extraction techniques for solid matrices—supercritical fluid extraction, pressurized fluid extraction and microwave–assisted extraction: their potential and pitfalls" *Analyst* 2001, 126, 1182–1193.

9. Reid, R. C.; Prausnitz, J. M.; Poling, B. E. "*The properties of gases and liquids*" 4th ed., McGraw-Hill, New York, 1987.

10. Saito, M.; Nitta, T. "*Fundamental properties of supercritical fluids relevant to chromatography and extraction*", In *Fractionation by Packed Column SFC and SFE* (Saito, M.; Yamauchi, Y.; Okuyama, T., eds.), pp. 27–62. VCH Publishers, New York, 1994.

11. Kaufmann, B.; Christen, P. "Recent extraction techniques for natural products: Microwave-assisted extraction and pressurised solvent extraction" *Phytochem. Anal.* 2002, *13*, 105–113.

12. Kawamura, F.; Kikuchi, Y.; Ohira, T.; Yatagai, M. "Accelerated solvent extraction of paclitaxel and related compounds from the bark of *Taxus cuspidate*" *J. Nat. Prod.* 1999, *62*, 244–247.

004 대표적인 유효 성분의 분리 분석 방법

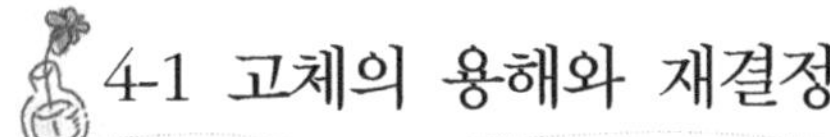

4-1 고체의 용해와 재결정

어떤 고체를 용매와 혼합하면 고체는 용매에 녹아 들어간다. 고체의 녹는 정도는 용질과 용매의 종류에 따라 매우 잘 녹거나, 약간 녹거나, 경우에 따라서는 거의 녹지 않는 경우도 있다. 이러한 고체 시료의 용매에 대한 용해도를 이용하면 천연 물질을 순수하게 분리할 수 있다. 용매 추출법, 분배와 흡착, 재결정 방법은 고체의 용해도를 이용한 기본적인 분리 방법이며, 본 장에서는 고체의 용해와 재결정 방법에 대하여 서술하였다.

1 용액과 용해도

❶ 용해와 용액

용액(solution)은 두 종류 이상의 순물질이 균일하게 섞여 있는 혼합물로 정의되며, 두 종류 이상의 순물질이 균일하게 섞이는 현상을 용해라 한다(그림 4-1). 용해 과정 중 녹는 물질(예, 설탕, 소금 등)을 용질(solute)이라 하며, 녹이는 물질(물, 알코올 등)을 용매(solvent)라 한다. 경우에 따라 액체와 액체가 혼합되는 경우나 고체나 고체가 혼합되는 경우 많은 양의 물질을 용매로, 적은 양의 물질을 용질로 정의하기도 한다.

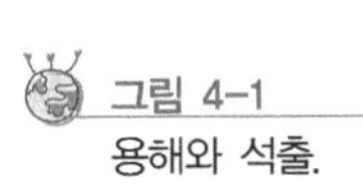

그림 4-1
용해와 석출.

$$\underset{(\text{설탕})}{\text{용질}} + \underset{(\text{물})}{\text{용매}} \underset{\text{석출}}{\overset{\text{용해}}{\rightleftharpoons}} \underset{(\text{설탕물})}{\text{용액}}$$

용액은 평형 상태에 따라 포화 용액, 불포화 용액, 과포화 용액으로 구분할 수 있다. 포화 용액은 어떤 온도에서 일정량의 용매에 용질이 최대한으로 녹아 있는 용액을 말하며, 용해 속도와 용질의 석출 속도는 평형을 이루고 있다. 그림 4-2는 설탕이 용해되는 과정을 설명하고 있다. 불포화 용액은 용질이 더 녹을 수 있는 상태(용해 속도가 석출 속도보다 클 때)를 나타내며, 과포화 용액은 용질이 용매에 녹을 수 있는 한도 이상으로 녹아있는 용액(용해 속도가 석출 속도보다 작을 때)을 의미한다. 그림 4-3은 온도에 따른 용해도를 표시하였다. 일반적으로 온도가 증가함에 따라 고체의 용해도는 증가하는 것으로 관측된다. 따라서 불포화 용액은 온도 감소에 따라 과포화 용액으로 변해 용질이 석출됨을 알 수 있다.

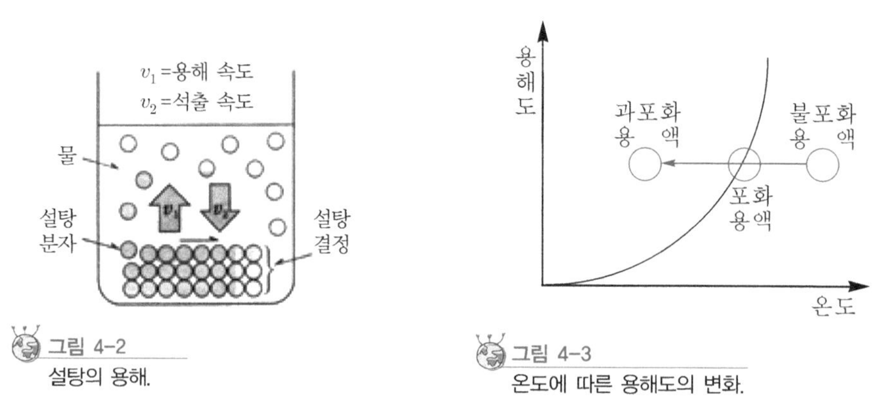

그림 4-2
설탕의 용해.

그림 4-3
온도에 따른 용해도의 변화.

❷ 용해의 원리

용해 과정은 용질과 용매가 혼합되는 과정으로서 비슷한 극성을 나타내는 용질과 용매의 경우 잘 혼합될 수 있다. 즉, 극성 분자는 극성 용매에, 비극성 분자는 비극성 용매에 잘 녹는다. 예를 들어, 이온 결정은 물과 같은 극성 용매에 잘 녹는 반면, 나프탈렌과 같은 비극성 분자는 벤젠과 같은 비극성 용매에 잘 녹는다. 따라서 그림 4-4에서와 같이 극성 물질인 물과 에탄올은 -OH에 의한 수소 결합 때문에 서로 잘 섞이는 반면 극성 물질인 물과 비극성 물질인 기름은 서로 섞이지 않고 층을 이루어 존재한다.

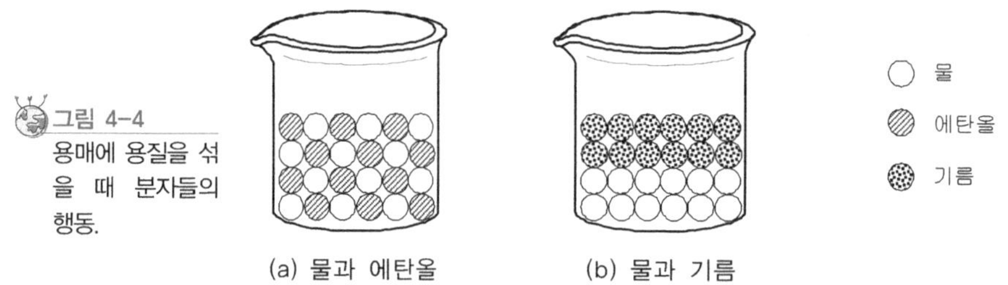

그림 4-4
용매에 용질을 섞을 때 분자들의 행동.

표 4-1에 극성에 따라 몇 가지 물질을 분류하였다.

표 4-1 극성에 따른 몇 가지 물질의 분류.

구분	용매
극성 용매	물, 아세톤, 알코올 등
극성 또는 이온성 물질	암모니아, 염화 수소, 염화 소듐 등
비극성 용매	벤젠, 사염화 탄소 등
비극성 물질	산소, 질소, 이산화 탄소, 메테인 등

❸ 용해도

용해도는 어떤 온도에서 용매 100 g에 최대로 녹을 수 있는 용질의 g수로 나타낸다. 용해도는 용매와 용질의 종류에 따라 달라지며, 특히 온도에 따라 크게 영향을 받는다. 용해 과정이 흡열 과정인 경우 온도 증가에 따라 용해도가 증가하며(예, KNO_3, $NaNO_3$, 설탕 등 대부분의 고체의 용해), 용해 과정이 발열인 경우 온도 증가에 따라 용해도는 감소하게 된다(예, NH_3, HCl 등 대부분의 기체의 용해). 물질의 용해도와 온도의 관계는 용해도 곡선으로 나타낼 수 있으며 그림 4-5와 같다.

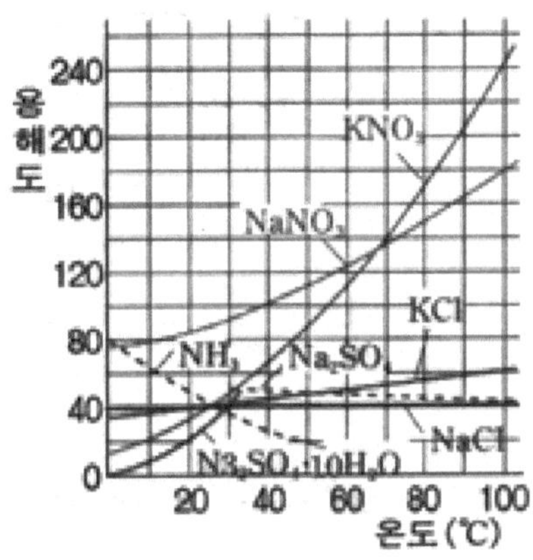

그림 4-5
온도에 따른 용해도 곡선.

용해도 곡선상의 모든 점은 포화 상태를 나타낸다. 용해도 곡선을 이용하면 각 온도에서의 용해도를 알 수 있으며, 포화 용액을 식힐 때 석출되는 용질의 양도 알 수 있다.

❹ 용액의 농도

- 퍼센트(%) 농도 : 용액 100 g 중에 녹아 있는 용질의 질량

$$\left(= \frac{\text{용질의 질량}}{\text{용액의 질량}} \times 100,\ \text{단위 : \%}\right)$$

- 몰농도 : 용액 1 L 중에 녹아 있는 용질의 mol 수

$$\left(= \frac{\text{용질의 몰수}}{\text{용액의 부피}},\ \text{단위 : M 또는 mol/L}\right)$$

◈NaCl 1 M 표준 용액 만들기◈

1. NaCl 58.44 g(1 mole)을 잰다.
2. 깔때기를 이용하여 1 L 메스 플라스크에 NaCl을 옮겨 넣는다.
3. 70% 정도 물을 채워 흔들어 잘 섞어 NaCl을 완전히 녹인다.
4. 물을 채워서 1 L 눈금선에 일치시킨다.

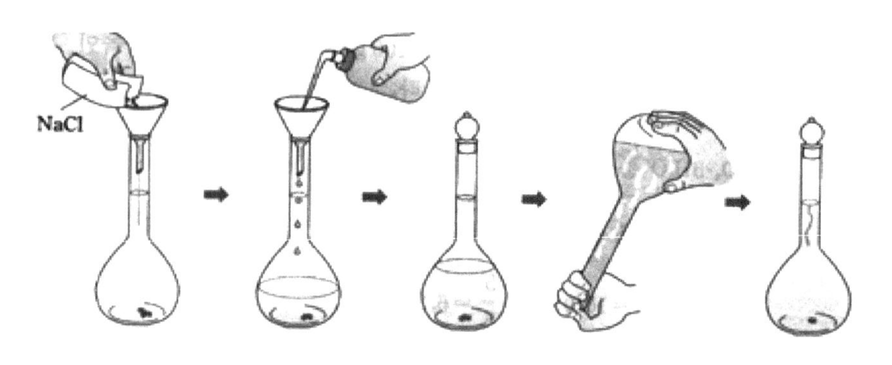

그림 4-6
NaCl 수용액 만들기.

- 몰랄농도 : 용매 1 kg 중에 용해되어 있는 용질의 mol수로 나타낸다. 단위는 m 또는 mol/kg이다. 몰랄농도는 온도의 영향을 받지 않으므로 온도 변화에 대한 몰랄농도는 항상 일정하다. 그림 4-7은 몰농도(M)와 몰랄농도(m)의 차이를 나타낸 것이다.

그림 4-7
용매가 CCl_4일 때 1.00 몰농도와 1.00 몰랄농도 용액간의 차이.

• 농도의 환산

〈% 농도와 몰농도의 환산〉

$$M = \frac{(1000 \times \text{비중}) \times \frac{\%\text{농도}}{100}}{1\text{mol 분자량}}$$

(예) 비중이 1.47 g/mL인 황산(H_2SO_4)의 몰농도(M)는 얼마인가?

$$1.47\ \text{g/mL} \times 1000\ \text{mL} = 1470\ \text{g}, \quad \frac{1470\ \text{g}}{98\ \text{g/mol}} = 15\ \text{mol}$$

$\therefore$ 15 mol / 1000 mL = 15 M

〈몰농도와 몰랄농도의 환산〉

• 비중을 이용하여 용액 1 L의 질량을 구한다.
• 용액의 질량에서 용질의 질량을 빼서 용매의 질량을 구한다.
• 용매 1000 g에 대한 용질의 몰수를 구한다.

(예) 비중이 d이고 몰농도가 M인 용액의 몰랄농도(m)는 얼마인가?

용액의 질량 = 1000 d

용질의 질량 = M × 분자량

용매의 질량 = 1000d − (M × 분자량)

용매 : 용질 = 1000d − (M × 분자량) : (M × 분자량)/분자량 = 1000 : n

1000d −(M × 분자량) : M = 1000 : n

n = 1000M / {1000d − (M × 분자량)}

$\therefore$ n은 1000 g 중의 mol수이므로 몰랄농도 m은 n과 같다.

2 고체 추출법

고체 추출은 동물, 식물, 미생물체의 고체 원료로부터 목적하는 천연물을 분리해 내는 경우의 초기 단계에서 이용되는 방법으로서 천연물의 분리 실험에서 매우 중요한 실험 방법의 하나이다. 고체 추출을 효과적으로 이용하면 목적물을 다른 불순물로부터 분리하는 것도 가능하다. 이와 같은 분리 방법은 크로마토그래피 등의 분리 수단에 비해 완벽하지는 않지만 천연물의 정제 과정에서 대량의 불순물을 제거한다는 의미에서 효과적이다. 예를 들어, 재료를 먼저 석유 에테르 등의 탄화수소로 추출하여 지방과 같은 불

필요한 친유성 물질을 제거한 후, 다시 메탄올 용매를 이용하여 추출하면 원하는 목적물을 순수하게 분리할 수 있다. 실질적인 실험의 예를 살펴보면 대나무 어린 순으로부터 새로운 Gibberellin을 추출할 때도 이와 같은 방법을 사용한다. 일반적으로 Gibberellin의 추출에는 생 대나무의 어린 순을 직접 메탄올로 추출하는 방법과 열수로 추출하는 2종의 방법이 사용된다. 메탄올로 추출하는 경우 생 대나무의 어린순에 함유된 Gibberellin의 대부분이 추출되지만 그 외에 유기산을 비롯하여 대량의 불순물이 동시에 추출되어 이후의 분리 조작이 어렵다. 열수 추출의 경우에는 총 Gibberellin 중 30% 밖에 추출되지 않지만 물층에 추출된 불순물의 양이 현저히 적으므로 이후의 분리 조작이 간단하다.

고체 추출을 보다 효율적으로 수행하기 위해서는 다음과 같은 점에 유의해야 한다.

- **추출되는 물질에 대해 용해성이 높은 용매를 선택한다.**
  추출하고 싶은 물질이 친유성 물질인 경우 비극성 유기 용매인 석유 에테르 등의 탄화수소, 에테르 등의 유기 용매를 선택하며, 당류나 아미노산류와 같이 물에만 녹는 물질의 경우는 물을 용매로 이용한다. 메탄올, 에탄올 및 아세톤 등은 유기 용매이지만 극성이 매우 크므로 폭넓은 물질군에 대해서 높은 용해성을 나타내므로 고체 추출의 용매로 흔히 사용된다.
- **추출에 있어서 고체와 용매를 잘 접촉되게 하는 것도 중요한 조건이다.**
  이 조건을 만족시키기 위해서는 추출해야 할 고체를 잘 분쇄하여 작은 입자로 만들어 표면적을 넓혀 용매와의 접촉을 양호하게 할 필요가 있다. 또한 추출 중에 잘 교반해 주어야 한다. 재료로부터 천연 물질을 추출하는 경우 재료를 적당량의 용매와 혼합한 후 혼합기를 이용하여 재료를 분쇄함과 동시에 교반하여 용매로 추출하는 방법이 일반적이다.
- **일반적으로 물질의 용해도는 온도에 비례하여 상승하는 것이 보통이다.**
  따라서 고온의 용매 추출을 하는 경우 추출 효율을 높일 수 있다. 물에 의한 추출에 있어서는 개방 상태로 가열하는 것이 가능하나 유기 용매의 경우에는 환류 냉각기를 장착한 플라스크 등을 이용해 열추출을 한다. 다만 열추출의 경우 추출하는 물질의 열에 대한 안정성을 충분히 고려할 필요가 있다.
- **이상의 추출 조작을 1회 이상 반복한다.**
  첫 번째 추출 조작 중 용매에 물질이 포화되거나 또는 용해가 불충분할 경우가 많다. 따라서 첫 번째 추출에 의해서 얻어진 용매와 고체의 혼합물로부터 여과 또는 경사법에 의해 용매와 고체를 분리한 후 고체에 새로운 용매를 가하여 추출을 반복할 필요가 있다.

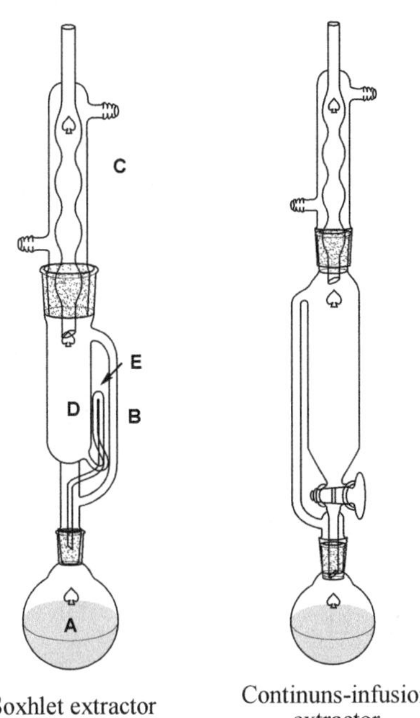

그림 4-8
연속 고체 추출기

Soxhlet extractor

Continuns-infusion extractor

이처럼 조작을 연속적으로 수행하는 장치로서 Soxhlet extractor, Continuous infusion extractor 등이 알려져 있다. 이들을 그림 4-8에 나타냈다. Soxhlet extractor에 의한 연속추출을 설명하면, 플라스크 A에 적당한 용매를 넣고 가열하면 기화된 용매 증기는 측관 B를 통하여 상승하여 냉각기 C에서 응축되어 추출관 D에 이른다. 원형 여지에 출전되어 D 부분에 놓여 있는 시료는 유입된 용매에 의해 침적 추출된다. 용매의 용적은 증가하여 그의 액면이 측쇄관 E의 상단을 넘치면 E의 사이폰 효과에 의해 D 중의 전체 용매가 플라스크 A에 모인다. 연속적으로 플라스크를 가열하면 추출 조작이 반복되게 된다. Continuous infusion extractor의 경우는 응축된 용매가 연속적으로 고체 시료를 통과하여 흘러내리는 사이 추출된다.

3 분별 침전

고체 추출과는 역으로 용액 상태로 존재하는 물질을 침전시켜 단리하는 것도 중요한 분리 조작의 하나이다. 예를 들어, 저분자의 산성 또는 염기성 물질의 경우에는 불용성의 염으로 변환시켜 침전시킨 후 분리할 수 있으며, 단백질과 같은 고분자 화합물의 경우에는 용해성이 보다 낮은 등전점으로 침전시키는 방법 등이 이용된다.

저분자의 산성 작용기를 갖고 있는 물질의 경우에는 물에 대해 녹지 않는 금속염(구리염, 은염, 아연염, 납염, 바륨염, 칼슘염 등)으로서 침전시켜 분리할 수 있으며, 염기성 작용기를 갖고 있는 물질은 유기산염(피크레이트, 피크로로네이트, 프라비아네이트, 헤리안데이트 등) 또는 무기산염 [인텅스텐산염(인월프람산염), 인몰리브데늄산염 등]으로 침전시켜 분리할 수 있다. 이와 같이 침전제를 이용하여 복잡한 혼합물로부터 목적물을 선별적으로 침전시키는 일은 분리 조작에 있어서 매우 유리하다. 불용성의 침전으로 얻어진 염류로부터 목적물을 회수하기 위해서는 다음과 같은 방법을 이용한다.

유기산 금속염의 경우에는 염류를 물 또는 함수 알코올에 현탁시켜 그 액에 유화수소를 통과시킨 후 금속 유화물을 침전시켜 유기산을 분리시킨다. 염기성 물질의 유기산염의 경우에는 염의 물 현탁액에 무기산을 가하여 유기산을 유리시키고 에테르를 사용한 용매 추출에 의해 유기산을 제거시키거나 또는 이온 교환 수지를 이용하여 분리한다.

단백질의 가수분해액으로부터 아미노산을 분리하는 것은 현재까지는 이온 교환 수지에 의한 방법이 자주 이용되고 있지만, 그림 4-9에 표기된 것과 같이 침전제를 이용하는 방법(Chibnall 등의 방법)도 가능하다.

추출 정제가 상당히 진전된 단계에서는 목적물을 결정성의 유도체로서 분리, 정제 등을 실행하는 일이 많다. 이미 서술한 바와 같이 침전제 중에서도 이런 목적으로 이용되는 경우가 많다. 카복실산의 염에 대해서는 금속염을 이런 목적으로 이용하는 것도 가능하나, 그 외의 유기산의 결정성의 유도체로서는 결정성이 양호한 arylthiouronium염이 자주 사용된다. 아민류, 아미노산, 알칼로이드류의 염기성 물질의 결정성 침전제는 예로부터 자주 사용되어 왔다. 목적물의 종류에 따라 침전제의 종류를 선택해야 하지만 일반적으로 염기성 작용기를 갖는 물질에 대한 침전제 중 아민에 적당한 침전제(그림 4-10), 아미노산과 alkaloi에 적당한 침전제로(그림 4-11) 분류하였다. 결정성 침전제를 선택할 때 몇 가지 사항을 고려해야 한다. 우선, 유도체의 결정성이 좋아야 하고, 안정해야 하며, 필요 이상으로 분자량이 큰 것은 사용하지 않아야 한다.

나프탈렌, 안트라센 등의 축합 고리 방향족 탄화수소는 피크린산과 trinitrofluornon 등과 결정성 분자 화합물을 형성하므로 이들의 분리, 정제에 이용된다. 분자 내에 배위결합을 형성할 수 있는 작용기를 갖고 있는 화합물은 불용성의 복합염이나 금속염의 착화합물을 형성하므로 분리, 정제에 좋은 경우도 있다. 예를 들어, 스트렙토마이신 염산염은 염화 칼슘과 결정성이 좋은 착염($C_{21}H_{37}O_{12}N_7 \cdot 3HCl \cdot 0.5CaCl_2$)을 형성한다. 이 성질은 스트렙토마이신의 공업적 정제법으로 이용되고 있다.

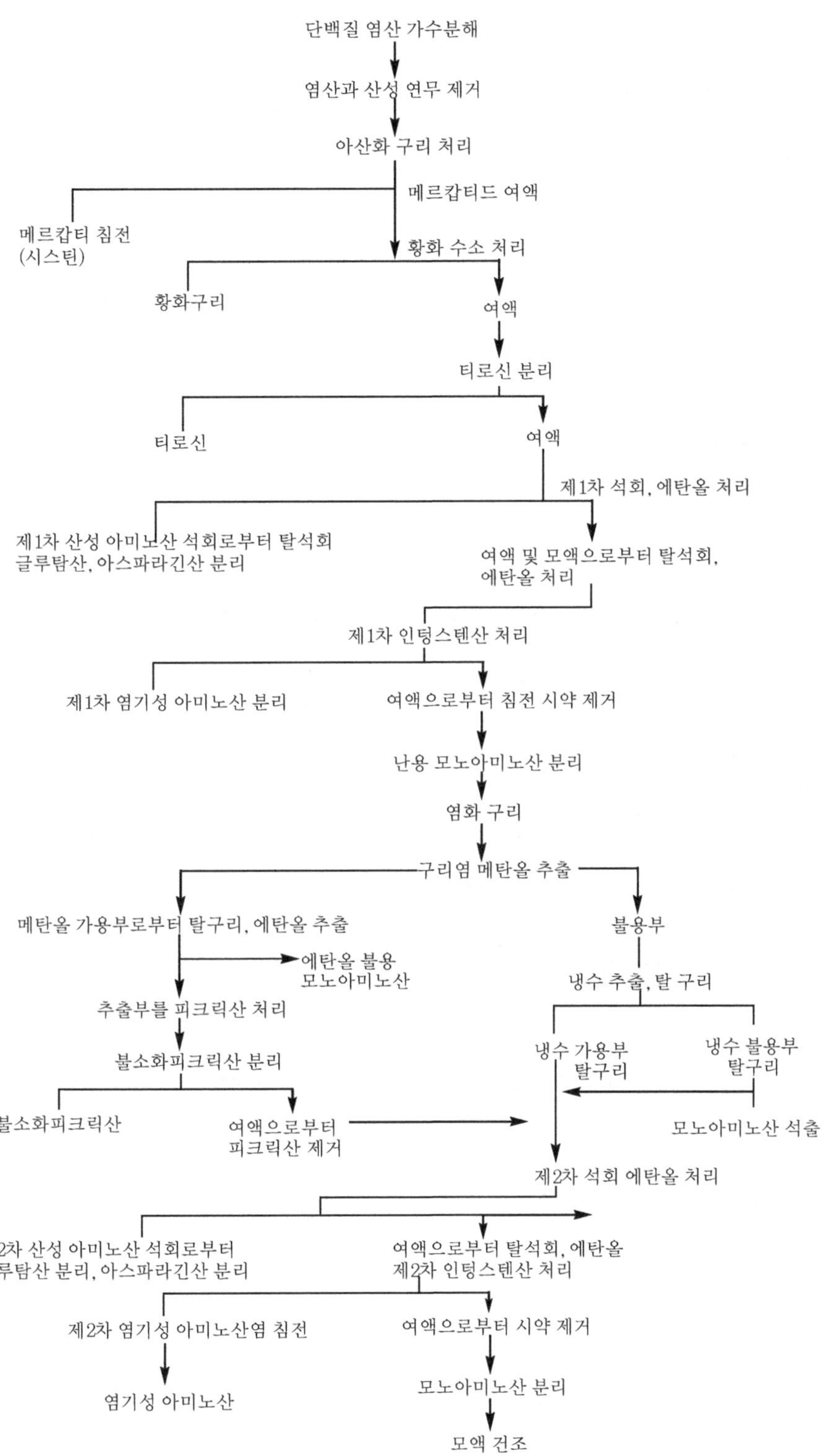

그림 4-9
Chibnall의 산성 및 염기성 아미노산의 정량적 분리법.

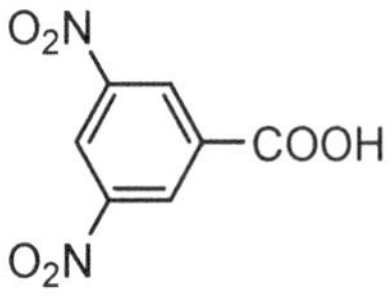

3,5-dinitrobenzoic acid

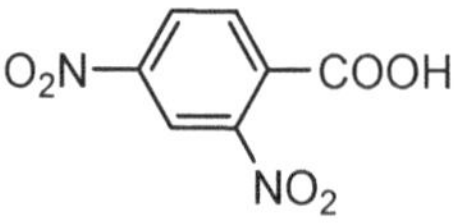

2,4-dinitrobenzoic acid

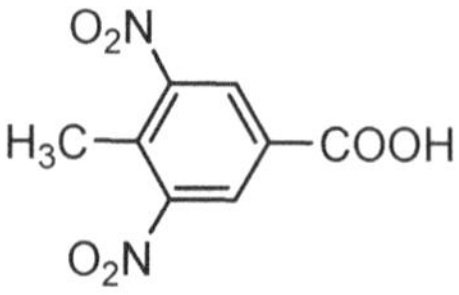

3,5-dinitrotoluic acid

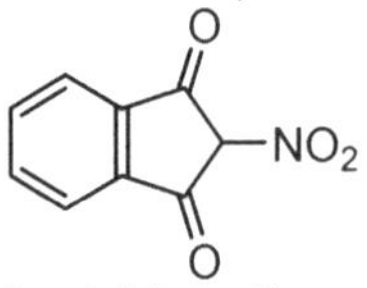

2-nitro-1,3-indandione

H_2PtCl_6

platinic chloride (platinic acid)

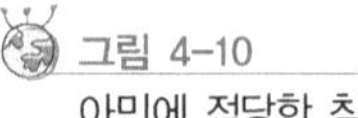

그림 4-10
아민에 적당한 침전제.

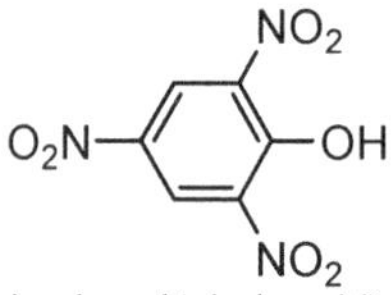

2,4,6-trinitophenol(picric acid)

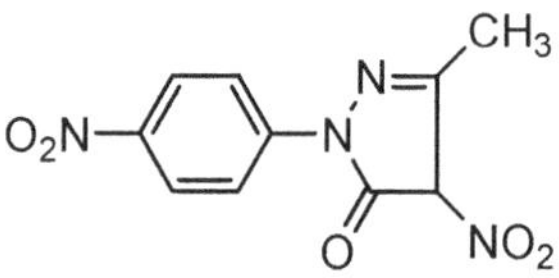

3-methyl-4-nitro-1-(*p*-nitro-phenyl)-2-pyrazolin-5-one (picrolonic acid)

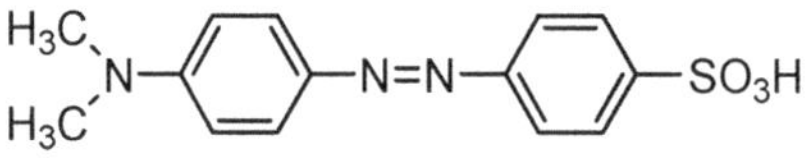

p-dimethylaminoazobenzene sulfonic acid(methyl orange, helianthin B)

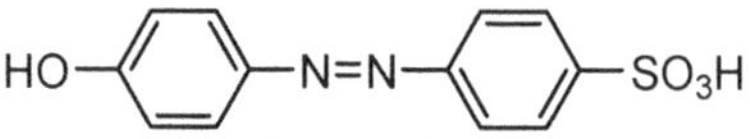

p-hydroxyazobenzene sulfonic acid

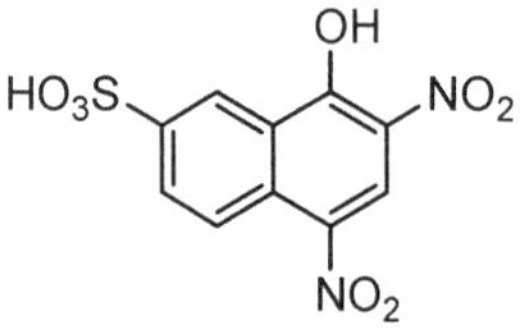

2,4-dinitro-1-naphthol-7-sulfonic acid(flavianic acid)

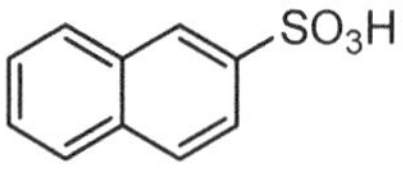

β-naphthalene sulfonic acid

$NH_4[Cr(NH_3)_2(SCN)_4] \cdot H_2O$

Reinecke's salt

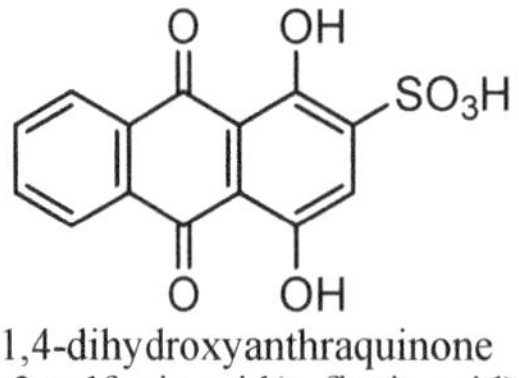

1,4-dihydroxyanthraquinone-2-sulfonic acid(rufianic acid)

$NH_4[Cr(SCN)_4(C_6H_4NH_2)_2] \cdot I \cdot 5H_2O$

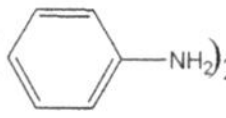

ammonium rhodanilate

그림 4-11
아미노산, 알칼로이드에 적당한 침전제.

4 재결정법

재결정법은 온도에 의한 용해도의 차를 이용하거나 용액에 불용성의 용매를 소량 가해 주어 물질을 침전시켜 분리하는 방법으로 유기 화합물의 분리·정제에 있어서 최종 단계에 사용되는 중요한 정제 수단이다. 결정은 물질을 구성하는 원자가 일정한 공간격자에 배열하는 경우에 생성되는 것으로 다시 말해 서로 다른 성질을 갖고 있는 분자는 결정을 생성할 때 제거된다.

재결정 방법은 일반적으로 물질을 적당한 용매에 용해시킨 후 냉각시켜 결정을 석출시키는 방법과 물질의 용액에 적당한 불용 용매를 가하여 결정을 석출시키는 방법이 있다. 어떤 경우에도 적당한 용매를 고르는 것이 매우 중요하며, 농도를 조절하고 불용 용매의 양을 적절히 조절하는 등 많은 경험이 필요하다. 결정화가 진행되지 않을 경우 플라스크의 기벽을 유리봉 등으로 비벼 자극을 주어 결정화를 촉진시키던지, 소량의 결정이 얻어진 경우에는 그 결정을 핵(또는 결정모)으로 하여 결정을 성장시킬 수 있다. 결정화는 극히 짧은 시간에 행해지는 경우도 있고, 수개월의 장시간을 요하는 경우도 있다. 특히 결정화가 진행되는 동안에는 온도 변화를 최소화하고, 진동이 없는 곳을 택하여 결정이 형성될 수 있는 환경을 조성해 주어야 한다. 이처럼 재결정에는 경험과 인내를 필요로 하는 경우가 많다.

단일 물질인 경우에도 서로 다른 용매를 사용하면 다른 결정형을 얻는 경우가 많으며, 동일의 용매로부터도 다른 결정, 즉 이형 동결을 얻는 경우가 있다. 또한 결정용매를 함유한 경우와 함유하지 않은 경우 등 결정화 자체가 매우 복잡한 문제를 내포하고 있다. 특히 물질의 동정을 수행하는 경우에는 결정형의 이상형이 문제가 되는 경우가 많으므로 주의가 필요하다. 결정의 모양과 결정의 여러 가지 성질, 예를 들면 녹는점, 용해도, UV-vis 스펙트럼 등을 검토하여 물질의 동일 유무를 판단하는 것이 필요하다.

결정이 얻어지는 경우, 그 물질이 반드시 단일 물질이라고 단언하기는 어렵다. 때때로 유사한 성질의 물질이 결정을 형성하는 경우가 있다. 이런 경우에 물질의 미묘한 용해도의 차를 확대시켜 분리하는 방법이 있다. 먼저 1회의 재결정에 의해 얻어진 결정을 모액에서 분리하고 얻어진 결정을 새로운 용매에 녹여 다시 재결정법을 반복한다. 다음에 처음의 재결정 모액을 농축하여 얻은 조결정을 2회째의 재결정 모액을 이용하여 재결정한다. 이 조작을 반복하여 진행해 나가면 용해도가 낮은 물질이 단일 물질에 가까워지며, 모액으로부터는 용해도가 높은 물질을 다량 함유한 결정을 얻을 수 있다. 이러한 조작의 한 예로서 삼각 분별 결정법(triangular fractional crystallization)을 그림 4-12에 표기하였다. 각종 크로마토그래피 등의 분리법이 발달한 현재에는 결정을 형성하는 물질군의 분리에 이 분별 결정법이 유리하다고는 볼 수 없다. 그러나 여러 가지 분리 수단과 분별 결정법을 적절히 배열하여 사용할 필요가 있다. 특히 분별 결정법은 다음에 서술할 광학 분할법에 매우 유용하다.

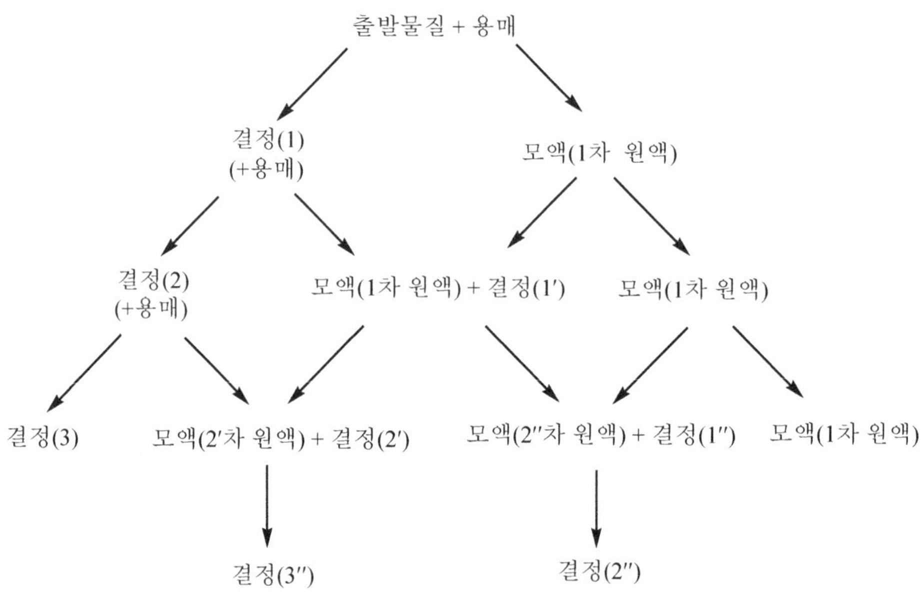

그림 4-12
삼각 분별 결정법(triangular fractional crystallization).

5 광학 분할

광학이성질체의 혼합물로부터 광학 활성체를 분리하는 방법을 광학 분할이라 한다. 일반적으로 광학이성질체는 선광성 이외에는 물리화학적 성질이 동일하여 분리가 어렵다. 광학이성질체의 동량 혼합물은 라세믹체(racemic)라고 부르며, 그 결정은 마치 단일의 물질처럼 행동하지만 광학 활성체라도 다른 성질을 나타내는 경우가 있다.

주석산 소듐 암모늄의 광학 활성체는 면이 일정 방향을 향하는 반면상(hemihedral)의 결정과 그 면이 서로 반대를 향하고 있는 결정이 혼재하는 경우를 볼 수 있는데, Pasteur는 반대 방향을 향하고 있는 반면상 결정을 기계적으로 분리하는 데 성공했다. 이와 같이 광학이성질체가 반면상 결정을 갖는 경우에는 기계적으로 양쪽 모두를 분리하거나 어느 쪽이든 한쪽 광학 활성체의 결정을 포화 용액에 녹이는 방법에 의해 한 가지 활성체의 결정만을 성장시키는 것이 가능하다. 그러나 이와 같은 광학 분할은 광학 활성체가 반면상의 결정을 갖는 경우에만 적용된다.

일반적으로 라세믹체로부터 광학 활성체를 분리하기 위해서는 부분입체이성질체

(diastereoisomer)의 혼합물로 만들어야 한다. 예를 들어, 유기산, 아미노산, 염기성 물질의 라세믹체를 광학 활성의 염기 또는 산을 이용하여 염으로 만든다. 라세믹체의 산과 D형의 염기에 의해 D-D형, L-D형의 염이 형성되는데 이들은 서로 부분입체이성질체이다. 부분입체이성질체는 서로 다른 성질을 갖고 있으므로 어떤 방법이든 분리가 가능할 것으로 기대된다. 이들의 분리에는 통상 재결정법이 사용된다. 예를 들어, D,L-luesinmethylester, (-)-1,1′-dinaphthyl-2,2′-dihydroxy-3,3′-dicarboxylic acid와 염을 형성시켜 이것을 메탄올로부터 재결정하면 D-ester의 염이 난용으로 먼저 석출된다. 다음으로 재결정을 반복하면 광학적으로 순수한 D-ester가 얻어진다. 산과 염기의 광학 분할에 이용되는 광학 활성 물질을 표 4-2에 나타내었다.

표 4-2 산과 염기의 광학 분할에 이용되는 광학 활성 물질

산의 분할에 이용되는 광학 활성 염기	염기의 분할에 이용되는 광학 활성 염기
Strychnine, brucine, Ephedrine, quinine, morpholine, Cinconine, quindine, thebaine	amphoric acid, cholestane sulfonic acid, tartaric acid, α-bromo-d-camphor-π-sulfonic acid, (-)-1,1-dinaphthyl-2,2′-dihydroxy-3,3′-dicarboxylic acid

4-2 분별 증류법

물질에는 각각 고유 증기압이 있어 그 증기압의 차이를 이용하여 분리 또는 정제하는 수단으로 이용할 수 있다. 단순 증류, 분별 증류, 감압 증류, 수증기 증류 등의 방법이 예로부터 사용되어 왔다. 현재에도 이들의 방법은 유기 화학의 연구에서 기본적인 조작의 하나이며, 유기 화합물의 분리·정제에 일상적으로 사용되고 있다.

1 단순 증류

액체를 정제하는 가장 일반적인 방법은 증류이다. 처음 액체에 들어 있는 불순물이 비휘발성이면 이 불순물은 증류후에 찌꺼기로 남게 되며, 단순 증류가 효율적인 방법이 된다. 불순물이 휘발성이면 분별 증류가 사용된다. 설탕과 같은 비휘발성 불순물이 순수한 액체에 첨가되면, 액체의 증기압을 감소시키는 효과를 갖는다. 이것은 비휘발성

성분의 존재가 효과적으로 휘발성 성분의 농도를 낮게 하기 때문이다. 즉, 휘발성 물질의 표면에 모든 분자가 있는 것이 아니므로, 기화하는 능력이 낮아진다. 혼합물의 증기압에서 비휘발성 요소의 효과가 그림 4-13에 있다. 이 그림에서 곡선은 순수한 액체에 대해 증기압-온도 의존도를 나타낸다. 곡선은 60℃에서 760 mm Hg 선의 절편을 구한 것이다. 곡선 2는 동일한 액체에서 비휘발성 불순물을 포함한 경우이다. 어떤 온도에서도 증기압은 불순물의 존재량에 따라 일정하게 감소한다. 760 mm Hg 선의 온도는 낮은 증기압 때문에 더 높다.

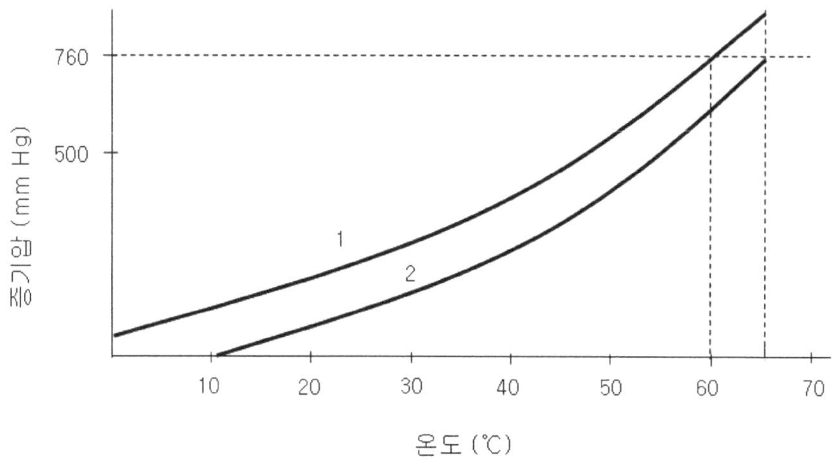

그림 4-13
증기압과 온도와의 관계.

단순 증류는 그림 4-14에서 보여 주고 있는 기구를 써서 할 수 있다. 온도계는 증류물의 끓는점을 결정하기 위해 보여진 위치에 놓여진다. 순수한 액체의 경우 헤드의 온도는 액체가 과열되지 않았다면, 증류 용기에서의 끓는 액체의 온도와 같다. 액체의 끓는점이 동일한 헤드의 온도는 증류 과정이 일어나는 동안 내내 일정할 것이다.

비휘발성 불순물이 증류되는 액체에 존재할 때, 온도계 벌브에 붙은 물질이 불순물에 의해 오염되지 않는다면 헤드의 온도는 순수한 액체의 것과 동일할 것이다. 그러나 플라스크의 온도는 용액의 증기압이 감소하기 때문에 점차로 증가할 것이다. 또한, 플라스크의 온도는 비휘발성 성분이 감소하고, 증기압이 낮아짐에 따라 불순물의 농도가 증가하기 때문에 증류 과정 동안에 증가할 것이다. 그러나 헤드의 온도는 순수한 액체의 경우에서처럼 일정할 것이다.

증기압과 균일한 액체 혼합물의 구성 사이의 정량적인 관계는 라울의 법칙(Raoult's law)에 의해 식 (4-1)과 같이 표현된다.

$$P_R = P^0_R N_R \qquad \text{(식 4-1)}$$

용액의 P_R은 주어진 성분 R의 부분 압력을 나타내며, 주어진 온도에서 (순수 R의 증기압 P^0_R) × (혼합물에서의 R의 몰분율 N_R)과 같다. R의 몰분율은 식 (4-2)와 같이 표현된다.

$$N_R = (n_R / n_R + n_S + n_T + \cdots) \qquad \text{(식 4-2)}$$

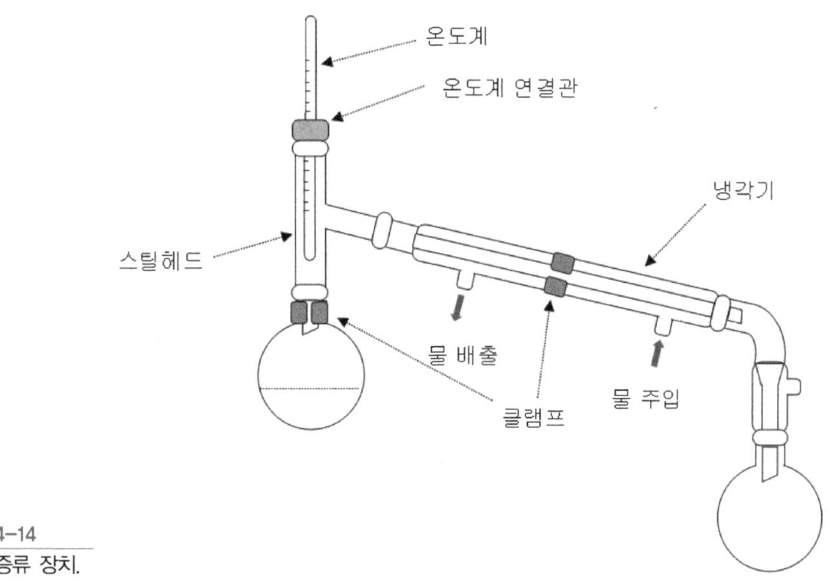

그림 4-14
단순 증류 장치.

R을 포함하는 이상 용액하에서 R의 분압은 그의 몰분율에만 의존하며, 다른 성분의 증기압은 0이므로 혼합물의 전체 증기압은 R의 부분 압력과 같다. 그래서 그와 같은 혼합물로부터의 증류는 항상 순수한 R과 마찬가지다. 그러나 둘 또는 그 이상의 성분이 휘발성이면 전체 증기압은 휘발성 성분들 각각의 부분 증기압의 합과 같다(Dalton의 법칙, 식 (4-3), R, S 및 T는 휘발성 성분에만 해당). 그와 같은 액체 혼합물의 증류 과정은 단순 증류의 경우

$$P_{total} = P_R + P_S + P_T + \cdots \qquad \text{(식 4-3)}$$

와 상당히 다르다. 왜냐하면, 증류액이 휘발성 성분 각각을 포함하기 때문이다. 이런 경우의 분리는 분별 증류에 의하여만 가능하다.

2 분별 증류

간단히 두 휘발성 성분 R, S를 포함하는 2성분의 이상 용액을 생각하자. 이상 용액은 같은 분자 사이의 인력이 다른 분자 사이의 상호작용과 같다고 정의된다. 이상 용액만이 엄격히 Raoult의 법칙을 따르나, 많은 유기 용매들이 이상 용액과 같이 행동한다고 근사화하여 생각한다. 증기압은 분자가 액체 표면에서 탈출하려는 경향의 척도이므로 R과 S 혼합물하에서 주어진 증기 부피에서 성분 R의 분자수는 성분 R의 부분 증기압에 비례한다. 성분 S에 대해서도 마찬가지다.

$$\frac{N_R'}{N_s'} = \frac{P_R}{P_s} = \frac{P_R^0 N_R}{P_s^0 N_s} \qquad \text{(식 4-4)}$$

각 성분의 몰분율은 식 $N_R' = P_R / (P_R + P_S)$와 $N_S' = P_S / (P_R + P_S)$로부터 계산될 수 있다. 증기 분압 P_R, P_S는 액체 용액의 조성에 의해 결정된다(Raoult의 법칙). R과 S의 부분 증기압의 합이 외부압과 같을 때, 용액이 끓기 시작하므로 용액의 끓는점은 그 조성에 의해 결정된다.

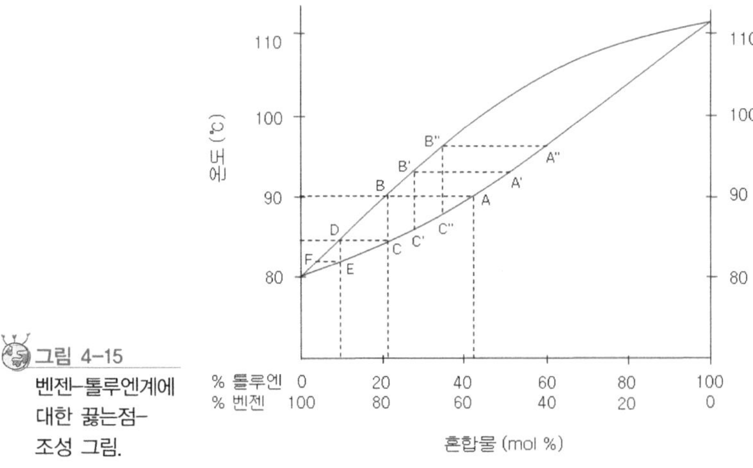

그림 4-15
벤젠-톨루엔계에 대한 끓는점-조성 그림.

2성분 이상 용액의 액체와 증기상의 조성과 온도와의 관계는 그림 4-15와 같은 도표에 의하여 나타낼 수 있다(끓는점이 80°C인 벤젠과 111°C인 톨루엔의 혼합물인 경우). 아래쪽 곡선은 이들 두 화합물의 모든 조성에서의 혼합물의 끓는점을 나타내고, 위쪽 곡선은 Raoult의 법칙을 써서 계산한 것인데, 끓고 있는 액체상과 같은 온도에서 평형을 이루고 있는 기체상의 조성을 나타낸다. 예를 들면, 58 mol%의 벤젠과 42 mol%의 톨루엔의 조성을 갖는 액체 혼합물(그림 4-15의 A)은 90°C에서 끓고, 그와 평형 상태에 있는 증기상은 78 mol %의 벤젠과 22 mol % 톨루엔의 조성(그림 4-15의 B)을 갖는다. 어떤 온도에서도 증기상은 그것과 평형 상태에 있는 끓고 있는 액체보다 휘발성 성분이 더 풍부하다. 예를 들면, 성분 R이 성분 S보다 더 휘발성이 클 때, $(P_{R0} / P_{S0}) > 1$이 되고, 식 (4-4)에서 $(N_{R0} / N_{S0}) > (N_R / N_S)$이 된다. 이것은 다음 단원에서 논의한 분별 증류의 기본이 된다.

그림 4-15에서 조성 A를 갖는 혼합물을 증류하면, 증류액의 처음 몇 방울(약간의 증기상이 응축되어 만들어진)은 조성 B를 가지게 되고 원래의 혼합물보다 벤젠이 풍부하다. 반면에, 증류하는 플라스크에 남아 있는 액체는 벤젠이 적고 톨루엔이 풍부하고, 끓는점은 올라갈 것이다(예를 들어 A에서 A′으로). 증류를 계속하면 혼합물의 끓는점은 계속 올라가서(A′에서 A″으로 등등) 결국은 톨루엔의 끓는점에 도달하게 된다. 그러는 동안에 증류액의 조성은 B에서 B′으로, 또 B″ 등으로 변하고 마지막에는 거의 순수한 톨루엔이 될 것이다.

이제 조성 B를 갖는 처음의 증류액 몇 방울에 대해 주의를 돌려보자. 이들을 분리해서 재증류하면, 끓는점은 C점이 되고 85°C이다. C에서 초기의 증류액 소량만 모으면 90 mol % 벤젠과 10 mol % 톨루엔의 조성을 가질 것이다. 이론적으로는(실제로는 안 되겠지만) 이런 과정을 되풀이하면, 아주 적은 양의 순수한 벤젠을 얻는다. 마찬가지로, 매번 증류 때마다 나중의 소량씩을 모아 재증류 하면 적은 양의 순수한 톨루엔을 얻을 수 있을 것이다. 처음과 나중의 증류분에서 더 많은 양을 취하면, 꽤 실질적인 양을 얻을 수 있으나, 비교적 여러 번의 단순 증류를 해야만 한다. 그런 과정은 매우 지루하고 시간낭비인 일이다. 다행하게도 분별 증류관을 쓰면 한 번에 거의 자동적으로 연속된 증류를 행할 수 있는데, 이론과 실제 사용 예를 다음 단원에서 설명하였다.

3 분별 증류관

여러 가지 형태의 분별 증류관이 있으나, 몇 가지 기본적인 성질로 그 모두를 설명할 수 있다. 이 관은 증기가 증류하는 플라스크에서 냉각기까지 가는 동안에 수직의 길을 거치게 한다(그림 4-16). 이 길은 단순 증류 장치보다 상당히 길다. 증기가 플라스크에서 올라와서, 관을 통과할 때 일부가 응축된다. 관의 아래쪽이 윗쪽보다 높은 온도가 유지되면, 응축액은 관 아래로 떨어지므로 일부가 다시 기화한다. 응축되지 않은 증기는 응축액이 다시 기화되어서 만들어진 것과 함께 관의 더 위쪽으로 올라가서 일련의 응축과 기회를 거치게 된다. 이것은 반복된 증류에 해당되고 그림 4-15에서 설명한 부분과

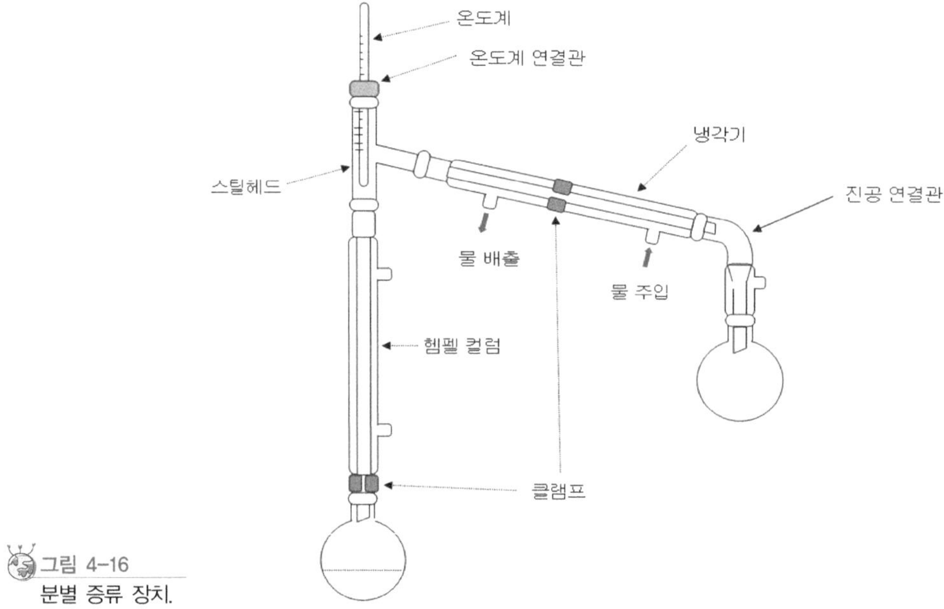

그림 4-16
분별 증류 장치.

같이 각 단계에서 만들어지는 기체상은 더 휘발성이 큰 성분이 풍부하게 된다. 관 아래로 떨어지는 응축액은 각 단계에서 그와 접해 있는 증기보다 휘발성이 작은 성분이 풍부하다. 이상적인 조건하에서는, 전체관을 통해서 액체와 기체상 사이에 평형이 이뤄지고, 위쪽에서는 주로 휘발성이 큰 성분으로 이뤄진 증기가 있고, 아래쪽에는 휘발성이 작은 성분이 풍부한 액체상이 존재한다. 이런 상태가 이뤄지는데 가장 중요한 필요 조건은 첫째, 관 안에서 액체와 기세상 사이에 밀접하고 광범위한 접촉, 둘째, 관을 통해서 적당한 온도 기울기의 유지, 셋째, 충분한 관의 길이 그리고, 넷째, 액체 혼합물의 성분들의 끓는점이 충분히 차이가 나야 한다는 것이다. 만약 처음 두 가지 필요 조건이 잘 만족되면, 필요한 관의 길이와 성분간에 끓는점의 차는 역의 관계에 있으므로 긴 관을 쓰면 끓는점의 차이가 작은 화합물들도 만족스럽게 분리할 수 있다. 액체와 기체상 사이의 접촉을 이루는 가장 보편적인 방법은 유리, 세라믹, 또는 여러 가지 형태(helices, saddles, woven mesh 등)의 금속 쪼가리 같은 넓은 표면적을 갖는 비활성 물질을 관 안에 채우는 것이다.

그림 4-17(a)는 Raschig ring(약 6 mm 길이의 유리관)을 채운 관을 보여 주고 있다. 이와 같은 관은 관 안에 평형 상태를 유지할 정도로 충분히 느린 증류가 이루어지는가에 따라 2~4개의 이론적인 plate를 가진다. 증류관의 다른 형태로는 그림 4-17(b)에 그려진 것과 같은 Vigreux 관이 있다. Vigreux 관에서는 관 안의 돌출물이 액체와 기체 사이의 접촉 면적을 증가시켜 주는 역할을 한다. 표준 크기의 Hempel 관과 길이가 같더라

도 Vigreux 관은 1~2 정도의 이론적 단수를 갖지만, Raschig ring으로 채운 Hempel 관의 보유액이 2~3 mL인 데 비하여 보유액이 1 mL도 안 되는 장점이 있다.

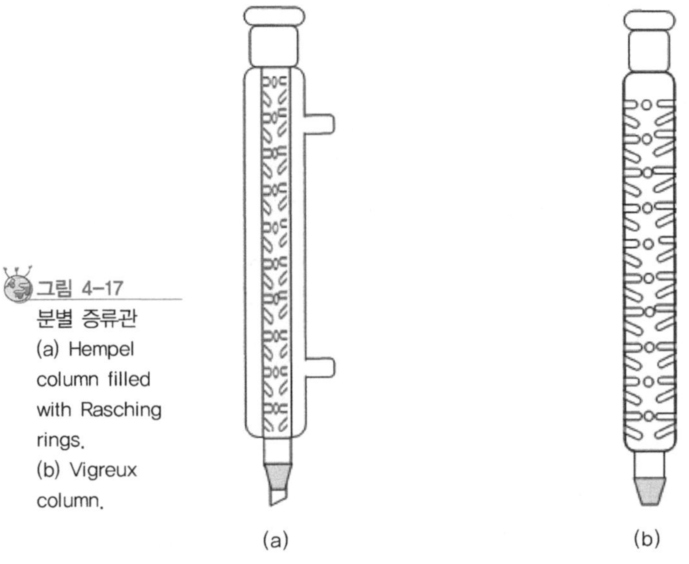

그림 4-17
분별 증류관
(a) Hempel column filled with Rasching rings.
(b) Vigreux column.

분별 증류 장치 중 특히 효과적인 것으로 spinning band column이 있다. 이런 형태의 관에서는 나선의 금속이나 관 안에서 빠른 속도로 회전하는 Teflon 등이 존재하여 관의 내부 표면에 매우 얇은 액체막만을 남겨 놓은 동시에 응축된 액체를 관 아래로 떨어지도록 해 준다. 이렇게 하여 액체와 증기 사이에 빠르고 매우 효과적인 평형이 이뤄지게 한다. 길이가 60 cm인 잘 절연된 spinning band column은 보유액이 0.2 mL 정도이고 125개의 이론적인 단수를 가져, 끓는점의 차이가 2°C인 성분들도 분리해 낼 수 있다. 관 안에 적당한 온도 기울기를 유지하는 것도 효과적인 분별 증류를 위해 매우 중요한 필요 조건이다. 이상적으로는 관 아래쪽의 온도는 플라스크 안의 용액의 끓는 온도와 거의 일치하고, 관 안에서 점차 낮아져서 위쪽에서는 결국 휘발성이 큰 성분의 끓는점에 도달한다. 그림 4-15를 보면 온도 기울기의 중요성을 쉽게 볼 수 있다. 예를 들면, A(90°C)에서 C(85°C)로, 또 E(82°C)로 되는 것처럼 매 단계마다 응축액의 끓는 온도가 낮아진다. 대부분의 증류에서 플라스크에서 스틸헤드까지에 필요한 온도 기울기는 증류 속도가 적절히 조절되면 응축되는 증기에 의해 자동적으로 이뤄진다. 흔히, 석면, 유리솜 또는 가장 효과적으로 은도금을 입힌 진공 자켓으로 관을 싸주기만 해도, 이와 같은 기울기가 유지된다. 절연을 해 줌으로써 관의 열이 대기에 뺏기는 것을 줄일 수 있다. 특히 잘 싸주지 않은 긴 관의 경우에는 관 주위에 전기 저항선을 감아서 여분의 열을 가해 줄 필요가 있다. 플라스크의 가열 속도가 너무 느릴 때는 절연시켜 주었더라도, 관을 가열시켜 주기에는 충분치 못한 양의 증기가 만들어질 수도 있다. 그런 경우에는 위쪽에는 거의 응축액이 도달하지 못하므로 가열 속도를 증가시켜야 하며 그러나 관 위로 넘쳐올 정도는 되지 않도록 주의해야 한다.

관의 온도 기울기와 밀접한 관계가 있는 요인은 플라스크를 가열하는 속도와 스틸헤드에서 증기가 없어지는 속도이다. 만약 가열이 격렬하고 증기가 너무 빨리 없어지면, 관 전체가 거의 일정하게 가열되고 분리가 안 될 것이다. 반면에 플라스크가 너무 격렬하게 가열되고 위에서 증기가 너무 천천히 없어지면 되돌아오는 응축액으로 인해 관이 넘칠 것이다. 분별 증류관의 적절한 조작을 위해서는 가열과 "환류 비율"–"같은 시간 동안에 스틸헤드에서 증류액으로 빠져 나오는 양"에 대한 "응축되어 관 아래로 되돌아가는 증기의 양의 비율"–을 현명하게 조절해야 한다. 일반적으로 환류 비율이 높으면 높을수록 분리가 효율적이다. 환류 비율을 측정하고 조절하는 데 가장 편리한 방법은 전체 환류와 variable "take–off"를 위한 장치가 있는 스틸헤드를 사용하는 것이다. 예를 들면, 이런 형태의 스틸헤드에서는(그림 4–18 참조) 주어진 시간 동안에 냉각기 끝(P)으로부터 떨어지는 응축액의 방울수를 측정하면 전체 환류 비율을 알 수 있고, 같은 시간 동안에 stopcock(S)를 통해 receiver로 떨어지게 했을 때의 방울수는 take–off rate를 알려 준다. 전체 환류 10방울에 대해, 1방울이 take–off된다면 환류 비율은 9대 1이다. 매우 정밀한 분리에서는 효율이 좋은 관을 사용하므로 환류 비율은 10대 1 정도 된다.

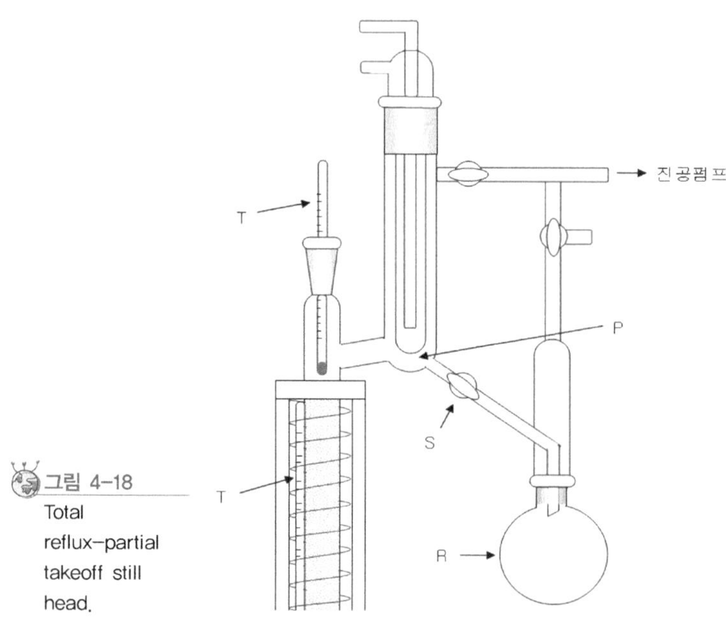

그림 4–18
Total reflux–partial takeoff still head.

4 비이상 용액의 분별 증류

대부분의 균일한 액체 혼합물은 이상 용액과 같이 행동하지만, 행동이 이상적이지 않은 예가 많이 알려져 있다. 두 가지 중의 한 방향으로 Raoult의 법칙에서 벗어난다. 어떤 용액은 기대 값보다 더 큰 증기압을 나타내고, 양의 오차를 보인다고 말하며, 다른 것은 기대 값보다 낮은 증기압을 나타내며 음의 오차를 보인다고 말한다. 양의 오차의 경우에는 두 성분의 다른 분자들 간의 인력이 각 성분의 동일 분자 사이의 인력보다 약해서, 어떤 조성 범위에서는 두 성분의 증기압의 합이 순수한 휘발성이 큰 성분의 증기압보다 크다. 따라서 이 조성 범위에 있는 혼합물은(그림 4-19에서 X와 Y 사이) 어느 순수한 성분의 끓는 온도보다 낮은 끓는 온도를 갖는다. 이 범위에서 최소-끓음 혼합물은(그림 4-19에서 Z의 조성) 세 번째 성분인 것처럼 생각해야 한다. 액체와 평형을 이루고 있는 증기가 액체 자체와 꼭 같은 조성을 가지므로 끓는점이 일정하다.

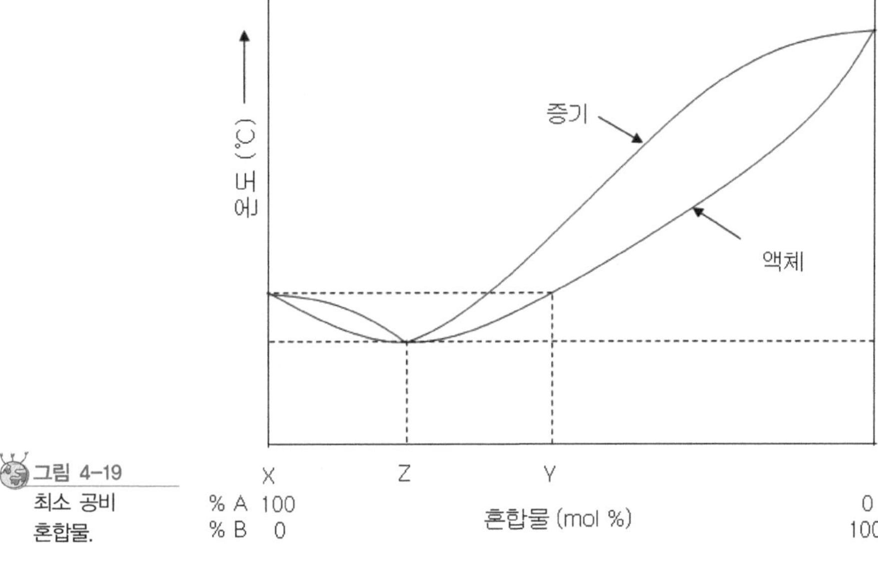

그림 4-19 최소 공비 혼합물.

이런 혼합물을 최소 공비 혼합물 또는 공비 혼합물(azeotrope)이라고 부른다. 그런 혼합물을 분별 증류하면 어느 성분도 순수한 형태로 얻을 수는 없고, 공비 혼합물과 공비 혼합물 조성으로 과량 존재하는 성분만을 얻을 뿐이다. 이러한 이유 때문에 95.57% 에탄올의 끓는점이 순수한 에탄올의 끓는점보다 0.15°C 밖에 낮지 않지만, 그보다 순도가 낮은 수용액을 분별 증류해서 순수한 에탄올을 얻을 수 없는 것이다. Raoult의 법칙으로부터 음의 오차를 갖는 경우에는 두 성분의 다른 분자간의 인력이 각 성분의 동일한 분자간의 인력보다 강하기 때문에 어떤 조성 범위에서 두 성분의 증기압의 합이 휘발성이 적은 성분의 순수한 증기압보다 작다(그림 4-20 참조). 따라서 이 조성 범위의 혼합물은(그림 4-20에서 X와 Y 사이) 순수한 높은 온도에서 끓는 성분의 끓는 온도보다 더 높은 온도에서 끓는다. 최대 공비 혼합물(그림 4-20의 Z)에 해당하는 특정 조성이 존재한다. 공비 혼합물의 조성과 다른 조성을 갖는 혼합물을 분별 증류하면 두 성분 중 어느 것이 공비 혼합물 조성(Z)보다 과량 존재하더라도 공비 혼합물이 제거된다. 예를 들면, 개미산(b.p 100.7°C)과 물의 최대 공비 혼합물은 107.3°C에서 끓는다: 공비 혼합물 조성(77.5% 개미산, 22.5% 물)과 다른 혼합물은 분별 증류한 후에 공비 혼합물이 찌꺼기로 남게 된다. 두 가지 형태와 다른 공비 혼합물에 대한 데이터는 이 장의 끝에 있는 참고문헌에서 찾아볼 수 있다. 그 곳에 열거되어 있는 hand book에는 광범위한 자료들이 있다.

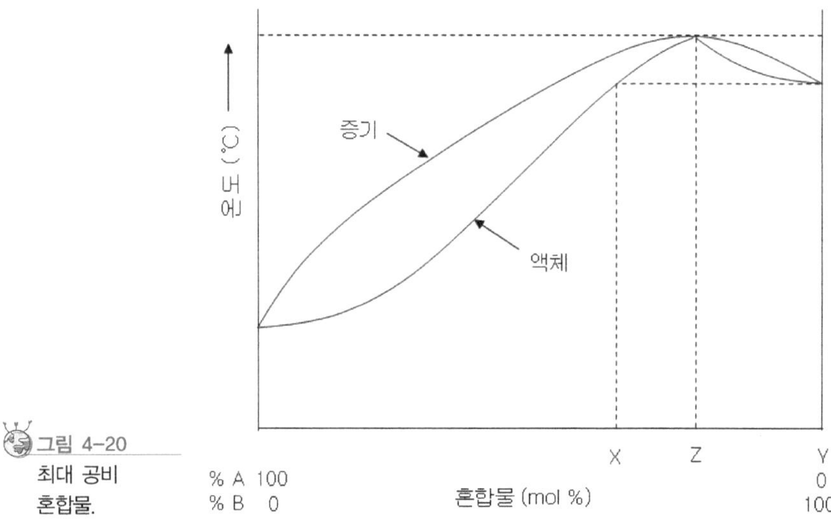

그림 4-20 최대 공비 혼합물.

5 감압 증류

액체의 끓는점은 전체 증기압이 외부 압력과 같아지는 온도로 알려져 있다. 액체를 증류할 때는 외부 압력이 대기압인 조건이 가장 간편하다. 그러나 많은 경우에 정상 끓는점 이하에서 화합물이 분해되거나, 산화되거나 또는 분자 재배열을 하기 때문에 이 압력에서는 끓는 온도가 바람직한 온도보다 높을 때가 있다. 때로는 소량 존재하는 불순물이 높은 온도에서 그와 같은 반응을 촉매화할 수도 있다. 대기압보다 낮은 압력에서는 끓는 온도가 더 낮으므로 낮은 압력에서 증류를 하면 이와 같은 문제점이 완화될 수 있다. 이런 기술을 감압 증류라고 한다.

아스피레이터나 mechanical oil pump를 쓰면 감압시킬 수가 있다. 아스피레이터는 보통 25 mm Hg 근처까지 압력을 내릴 수 있고 oil pump는 1 mm Hg 이하까지도 내릴 수 있다. oil pump에 의해 낮은 압력을 얻는 데는 pump의 상황과 oil, 그리고 증류 장치의 연결 부위에서의 조임 상태 등에 달려 있다. 아스피레이터에 의해 얻어지는 감압은 증기압에 의해 결정되므로, 수도관에서 나오는 수온에 달려 있다; 추운 날씨에는 8~10 mm Hg까지도 얻어진다. 감압이 끓는점에 미치는 두 가지 대략적인 효과는 다음과 같다.

1. 대기압에서 25 mm Hg까지 낮아질 때는 높은 온도에서 끓는 화합물(250~300°C)의 끓는점이 100~125°C 정도 낮아진다.
2. 25 mm Hg 이하에서는 압력이 반으로 줄 때마다 끓는점이 10°C 정도씩 낮아진다.

여러 가지 압력에서의 끓는점은 이 장의 끝에 나오는 참고문헌의 표를 참조하면 얻을 수 있다. 또한 물리화학 교과서에 나와 있는 Clausius-Clapeyron 식의 적분식을 쓰면 계산될 수 있다. 감압 증류를 위한 대표적인 장치가 그림 4-21에 그려져 있다. 증류 플라스크는 반 이상 채우면 안 되며, oil bath 등 다른 적절한 방법을 써서 가열하면 된다. Bumping을 막는 데 도움을 주기 위해서는 플라스크 안의 액체면보다 더 깊이 잠기게 하여야 한다. 불꽃으로 직접 가열하면 어느 일부분만이 뜨거워지고, 그러면 bumping이 심각하게 일어난다. Oil bath는 버너나 oil에 잠기게 한 전기저항 코일에 온도 조절을 위한 variable transformer에 연결시켜 가열한다. 진공 연결관에는 안전 플라스크를 연결시키는데, 이것은 수압이 떨어졌을 때 장치 내로 물이 역류하는 것을 막기 위해 trap으로 작용할 뿐 아니라 감압 장치와 Manometer를 기구에 연결시켜 주고 vacuum release valve (stopcock)를 갖춘 장치의 역할도 한다. Manometer는 증류되는 압력을 측정할 수 있게 해 준다. 뒤에 설명하겠지만 압력의 측정은 증류 속도에 의존한다.

압력의 측정은 감압 상태에서의 끓는점을 보고 하는 데 중요하고 빠뜨릴 수 없는 부분이다. 예를 들면, 벤즈알데하이드; bp 180°C(760 mm Hg), 87°C(35 mm Hg)와 같이 표기한다. 대기압에서의 증류에서는 별 문제가 되지 않는 것인데, 감압 증류에서는 두 가지 중요한 문제에 부딪히게 된다. 이와 같은 것은 주어진 양의 액체가 증발해서 만들어지는 증기의 부피가 압력에 의존한다는 사실에서 비롯되는 것이다. 예를 들면, 한 방울의 액체가 증발되면 그 증기의 부피는 35 mm Hg일 때 760 mm Hg 부피의 약 20배가량 된다. 감압하의 증류에서는 커다란 기포가 액체에서 빠져 나오게 되므로 갑자기 끓어 올라 튀는 등의 bumping 문제가 심각하다. 증류 플라스크와 스틸헤드 사이에

Claisen 연결관을 연결하는 것이(그림 4-21)이 문제에 다소 해결책이 된다. 그렇게 하면, 액체가 갑자기 튀어 올라도 냉각기로 직접 갈 수 있는 직행로가 없게 된다. 감압하에서는 비등석이 bumping을 막는 데 별 효력이 없다. 보통 쓰이는 방법은 가느다란 모세관을 플라스크 안에 넣는 것이다. 이 관은 플라스크의 바닥에서 가느다란 공기 방울이 계속 나오도록 해 주고 거기에 일정한 증기방울이 생기도록 작용한다. 돌아오는 공기의 부피는 아스피레이터나 oil pump의 뽑아내는 능력에 비하면 작은 것이므로, 이렇게 세는 것은 system의 압력에는 별 영향을 주지 않는다. 모세관은 6 mm 연결 유리관에서 뽑으며 아세톤이 담긴 시험관에 넣고 가느다란 기포가 서서히 나올 정도로 가늘게 만들어져야 한다. 다른 방법으로는 플라스크 안에 magnetic stirring bar를 넣고 magnetic stirrer를 쓰면 된다. Bumping을 막는 방책으로, 때로 실패할 때도 있지만 증류 플라스크의 액체 윗부분을 유리솜으로 채울 수도 있다.

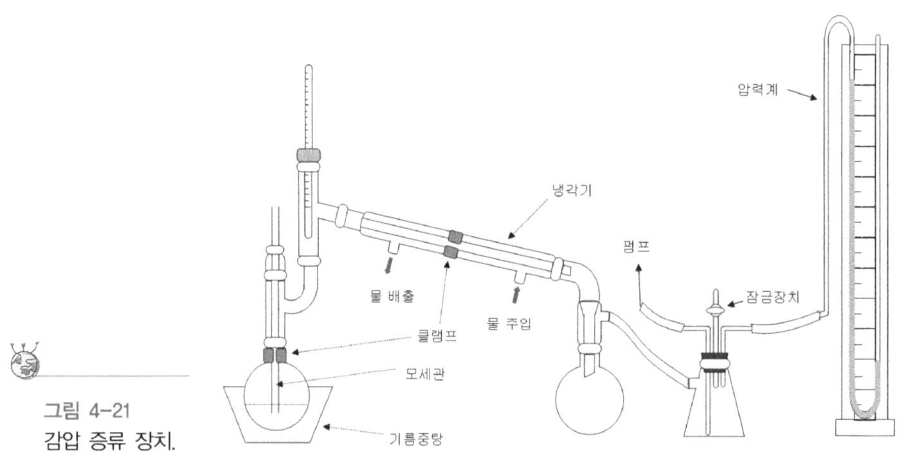

그림 4-21
감압 증류 장치.

감압하에서 낮은 증기 밀도와 관련된 두 번째 문제점으로 측정된 압력이 증류 속도에 의해서 상당히 영향을 받는다는 것이다. 대기압에서보다 낮은 압력에서는 훨씬 큰 부피의 증기에서 한 방울의 농축액이 만들어지므로, 비교적 느린 증류 속도일지라도 증기분자가 냉각기에 들어가는 속도는 감압하에서는 급격히 증가한다. 증기의 높은 속도에 의해 야기되는 back pressure는 manometer에서 읽을 수 있는 압력보다 증류관에서의 압력이 더 높게 된다. 실제 압력과 겉보기 압력 사이의 차이는 증류 속도와 플라스크를 가열하는 방법에 의해 좌우된다. 그러므로 진공 증류를 적절히 행하는 데 중요한 요건은 일정하고 느린 증류 속도를 유지하고, 스틸헤드의 온도보다 oil bath의 온도가 15~20°C 이상 높지 않도록 유지하여 증기가 과열되는 것을 피해야 한다. 낮은 압력하에서 증류할 때도 마찬가지므로 이것을 조심해야 한다는 것을 강조해 둔다.

다음은 그림 4-21에서 나타낸 감압증류장치로 진공 증류를 할 때의 일반적인 실험

순서를 나타낸 것이다.

- 주의: 잘 깨지거나 벽이 약한 용기를 사용하지 않아야 한다. 특히 공기를 뽑아내는 용기가 삼각플라스크처럼 바닥이 넓적한 것은 절대 사용하지 않아야 한다. water-pump evacuation에 사용하기에 적당하도록 만들어진 크기의 system에도 플라스크 내부의 표면에는 수백 파운드의 힘이 작용하게 되므로 약한 곳은 쉽게 파열된다. 안으로 빨려 들어가는 공기에 의해, 폭발하는 경우와는 조금 다르지만 유리 기구는 산산조각 나게 된다. 여기에 또 하나의 실제적인 위험은 뜨거운 oil bath에 의해 화상을 입는 것이다. 유리 기구를 세심히 살펴볼 것이며 언제나 보호 안경을 착용해야 한다.
- System을 조립할 때는 공기가 세지 않도록 모든 연결 부분은 윤활유(vacuum-grease)를 바르고 잘 막아야 한다. 온도계와 모세관을 지지하는 rubber fitting은 단단하게 연결되었는지 확인한다. 필요하다면 온도계 연결관으로 일반적으로 사용되는 neoprene fitting 대신에 두꺼운 진공관을 사용해도 좋다. 고무마개는 권장할만한 것이 못 된다. 왜냐하면 증류 도중 뜨거운 증기와 만나서 오염되기 때문이다. 안전 플라스크의 3개의 구멍이 난 고무마개는 유리관과 꼭 맞도록 연결시킨다. 증류하려는 액체를 pot 속에 넣기 전에 증류 장치가 완전하게 잘 연결되었는가를 확인한다.
- 증류할 액체를 플라스크 속에 넣는다. 이때 모세관 끝이 거의 플라스크 바닥까지 내려오게 하고 water-pump를 킨다. 이때 안전 플라스크의 release valve는 반드시 열어두어야 한다. System의 공기가 완전히 비워질 때까지는 가열하면 안 된다. 필요하면 다시 열 태세를, 갖추고 valve를 천천히 잠근다. 액체 속에 끓는점이 낮은 용매가 조금 들어 있으면 — 방금 용매를 날려 보내고 얻은 액체라면 — 거의 foaming 혹은 bumping을 하게 된다. 이런 경우 rease valve를 조금 열어서 foaming이 줄어들게 한다. 용매가 완전히 날아갈 때까지 이런 과정을 반복해서 행한다. 표면의 거품이 완전히 가라앉고 system이 완전히 evacuate되면(manometer의 눈금이 일정한 압력으로 유지되는지 확인한다), oil bath를 가열하기 시작한다. 증류가 천천히 되도록 가능한 한 온도를 낮춘다.
- 분별 증류를 하여 끓는 범위가 다른 fraction을 받으려면 receiver를 갈아 끼우는 동안 증류를 중단해야만 한다. 주의해서 oil bath를 낮추고 증류 플라스크가 식도록 잠시 기다린 다음, release valve를 닫은 다음 evacuation이 완전하게 되면 oil-bath를 높이고 계속 증류한다. 이런 작업을 함으로써 완전히 evacuate된 system의 압력을 변화시키는 결과를 초래하기도 한다. 실험 노트에다 주기적으로 스틸헤드의 온도와 압력을 측정하고 기록해 두는 것이 좋으며, 특히 receiver를 바꿔 끼우기 전후에는 특히 그러하다.

• 증류가 끝나면 oil bath를 내리고 어느 정도 pot를 식힌 다음, 천천히 release valve를 열고 water-pump를 끈다. 이런 실험 과정의 가장 불편한 점은 증류하는 도중에 receiver를 갈아 끼우는 과정에서 증류가 중단되는 점이다. 유기 화학실험실에서는 비록 구하기는 어렵지만 이런 점을 제거하기 위해서 고안된 장치가 있다. 예를 들어, 그림 4-22에 나타난 것처럼 4개의 receiving 플라스크(그림에서 하나는 보이지 않는다)가 달린 "cow" receiver가 있다. 두 번째 예로는 그림 4-18에 나타낸 분별 증류 장치가 있다. Fraction cutter는 스틸헤드와 cold-finger 냉각기가 집적된 형태이다. 비록 이런 형태의 receiver가 사용하기에 불편한 점이 좀 있기는 하나 증류가 중단되지 않고, 증류할 때의 receiving 플라스크의 수를 제한하지 않는다는 점에서 좀 더 유리하다. Stop-cock의 적당한 순서적인 조작은 다음의 관점에서 유리하다.
  첫째, 관을 evacuation 상태로 유지하면서 receiving 끝까지 분리할 수 있으며, 둘째, 플라스크를 바꾸기 위해 receiver 속의 진공 상태를 열 수 있으며, 셋째, 관과 펌프가 분리된 상태에서 receiver를 다시 evacuation시킬 수 있고, 넷째, 증류를 계속하려면 receiver와 관을 다시 연결시킬 수가 있다는 점이다.

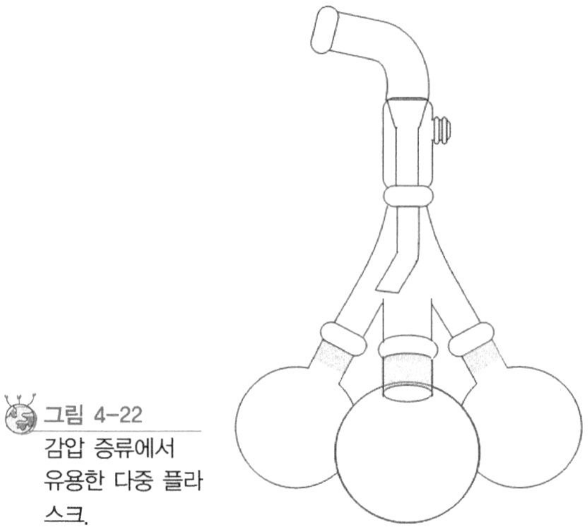

그림 4-22
감압 증류에서 유용한 다중 플라스크.

6 수증기 증류

물과 섞이지 않거나 거의 섞이지 않는 휘발성 유기 화합물은 수증기 증류(물과 유기 물질의 혼합물을 동시에 증류하는 방법을 포함한) 방법으로 분리하거나 순도를 높일 수 있다. 이 방법의 장점과 한계점은 수증기 증류의 원리를 알아봄으로써 쉽게 이해할 수 있다. 주어진 온도에서 서로 섞이지 않는 휘발성 물질의 각 성분 i에 대한 부분 압력 P_i

는 같은 온도에서의 순수한 물질의 증기압 P_i^o와 같으며(식 4-5) 혼합물 속에서의 몰분율과는 관계가 없다.

$$P_i = P_i^0 \quad \text{(식 4-5)}$$

즉 각각의 성분은 다른 성분에 관계없이 증발한다. 이 점은 용액 속에서 각 성분의 몰분율에 따라 부분 압력이 달라지는(라울의 법칙 식 4-1) 서로 섞이는 용액의 경우와는 크게 다르다. 그렇다면 기체 용액의 전체 압력 P_r를 Dalton's 법칙에 따라 각 성분 기체들의 부분 압력의 합으로 나타낼 수 있다. 따라서 서로 섞이지 않는 휘발성의 화합물의 전체 증기 압력은 다음 식으로 나타내진다(식 4-6).

$$P_r = P_a^0 + P_b^0 + \cdots P_0^i \quad \text{(식 4-6)}$$

이 식에서 어떤 온도에서 혼합물의 전체 증기 압력은 각 성분들의 기여도 때문에 가장 휘발성이 큰 물질의 증기 압력보다 언제나 높다는 점을 주시하라. 그렇다면, 이 혼합물의 끓는점은 혼합물 성분 중 가장 낮은 끓는점을 가진 성분의 끓는점보다 낮은 온도에서 끓게 된다. 방금 기술한 내용은 서로 섞이지 않은 물(bp 100°C)과 브로모벤젠(bp 156°C) 혼합물의 증류에 대해서 설명하면 쉽게 증명될 것이다. 이 혼합물의 온도에 대한 증기 압력을 그림 4-23에 나타내었는데 순수한 액체의 증기 압력을 따라가 보면 이 혼합물은 95°C에서 끓는다는 것을 알 수 있다. 이 온도는 이 예에서 끓는점이 가장 낮은 물보다 낮은 온도에서 끓는다. 화합물을 수증기 증류로 비교적 낮은 온도인 100°C 또는 그 이하의 온도에서 증류할 수 있다는 것은 대단히 유용하다. 열에 민감해서 높은 온도에서는 분해되는 화합물의 정제에 있어서는 특히 그렇다.

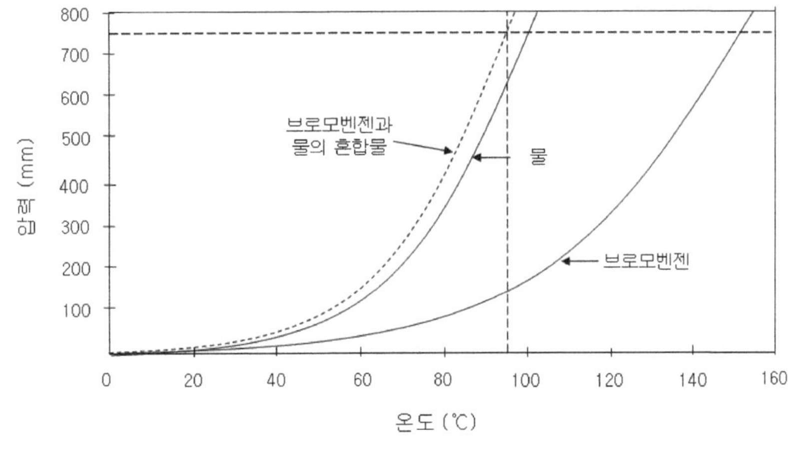

그림 4-23 브로모벤젠, 물과 이들 혼합물에 대한 증기 압력과 온도의 관계.

또 이 방법은 유기 반응에서 생기는 악명 높은 타르라고 하는 많은 양의 비휘발성 잔류 물질이 섞인 혼합물에서 화합물을 분리해 내는 경우에는 대단히 유용하다. 수증기 증류하에서 액화된 물질의 성분은 증류된 물질의 분자량과 이 온도에서 증류되는 물질 각각의 증기압에 좌우된다. 서로 섞이지 않는 두 성분 A, B를 생각하자. 만약 A와 B가 각각 이상 기체와 같이 행동해서 이상 기체 법칙을 적용시킬 수 있다면 다음의 두 식이 얻어진다.

$$P_{0A}V_A = (g_A/M_A)(RT) \quad \text{and} \quad P_{0B}V_B = (g_B/M_B)(RT) \qquad \text{(식 4-7)}$$

여기서 P_0는 순수한 액체의 증기압, V는 가스의 부피, g는 가스 상태 속에 있는 성분의 질량, M은 분자량, R은 기체 상수, T는 절대 온도를 각각 나타낸다. 첫 번째 식을 두 번째 식으로 나누면 식 (4-8)이 된다.

$$\frac{P_A^0 V_A}{P_B^0 V_B} = \frac{g_A M_B (RT)}{g_B M_A (RT)} \qquad \text{(식 4-8)}$$

분자와 분모의 RT는 같은 양이고, 가스가 들어 있는 부피는 같으므로 $V_A=V_B$이다. 그러므로, 위에서 주어진 식은 다음과 같이 표시된다.

$$\frac{\text{grams of A}}{\text{grams of B}} = \frac{(P_A^0)(\text{molecularweight of A})}{(P_B^0)(\text{molecularweight of B})} \qquad \text{(식 4-9)}$$

브로모벤젠과 물인 경우 95℃에서 이들은 각각 120 mm Hg 및 640 mm Hg의 증기압을 가지고 있으므로 증류액의 성분을 식 (4-9)에 의해서 계산하면 다음과 같다.

$$\frac{g_{\text{bromobenzene}}}{g_{\text{water}}} = \frac{(120)(157)}{(640)(18)} = \frac{1.64}{1} \qquad \text{(식 4-10)}$$

결과적으로, 비록 증류되는 온도에서 브로모벤젠의 증기압이 물의 그것보다 훨씬 낮지만 증기 증류액 속에는 질량으로 브로모벤젠이 더 많이 들어 있다. 유기 화합물들은 일반적으로 물보다 훨씬 분자량이 크므로, 100℃에서 증기압이 5 mm Hg인 화합물도 상당한 효율로 수증기 증류를 할 수 있다. 고체인 경우도 종종 수증기 증류를 할 수 있다.

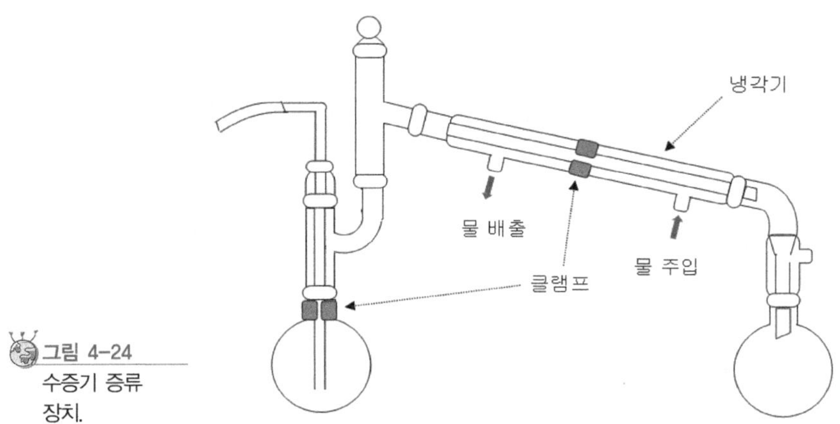

그림 4-24
수증기 증류 장치.

수증기 증류는 일반적으로 다음 두 가지 방법 중 하나로 실시된다. 보통 가장 효율적인 방법인 첫 번째 방법은 그림 4-24에서와 같이 water-cooled 냉각기가 연결된 스틸 헤드로 장치된 크라이센 헤드에 둥근바닥 플라스크를 연결시키고 여기에 유기 화합물을 넣어서 증류하는 방법이다.

크라이센 헤드는 증류하는 동안 냉각기 속으로 혼합물이 튀는 것을 막아 준다. 수증기는 그림 4-25에서처럼 외부에 연결된 증기발생기에서 발생시켜서 증류 용기 밑바닥으로 유입시키는 방법을 쓰거나 실험실로 연결된 수증기 선으로부터 얻기도 한다. 외부 증기를 사용할 경우 증류 플라스크 속에 물이 농축되어 꽤 높은 수준까지 차게 되는 수가 있다(그림 4-26). 이 문제는 증류 플라스크를 분젠 버너로 약하게 가열해 줌으로써 해결할 수 있다. 혼합물을 완전히 증류하는데, 조그만 양의 증기가 필요한 경우 두 번째 방법이 사용된다. 이 방법은 물을 분리하고자 하는 유기 물질 속에 붓고 증류하는 방법이다. 그리고 이 플라스크를 직접 분젠 버너로 가열한다. 이 방법은 많은 양의 증기가 필요한 경우는 적당하지 않다. 이런 경우에 이 방법을 쓰면, 계속해서 물을 보충하거나 큰 플라스크를 사용해야 하는 불편한 점이 있다.

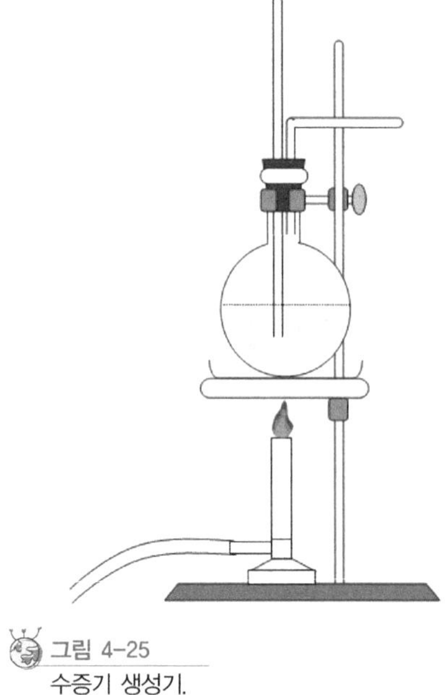

그림 4-25
수증기 생성기.

요약하면 수증기 증류란 물과는 섞이지 않거나 거의 섞이지 않는 액체 또는 고체의 유기 화합물을 비휘발성 물질로부터 비교적 온화한 방법으로 분리해 내는 방법이다. 이 방법은 증기 또는 뜨거운 물과 오래 접촉하면 분해되거나 물과 반응하거나 또는 100℃에서도 증기압이 5 mm Hg 이하인 물질에는 사용할 수 없음이 명백하다.

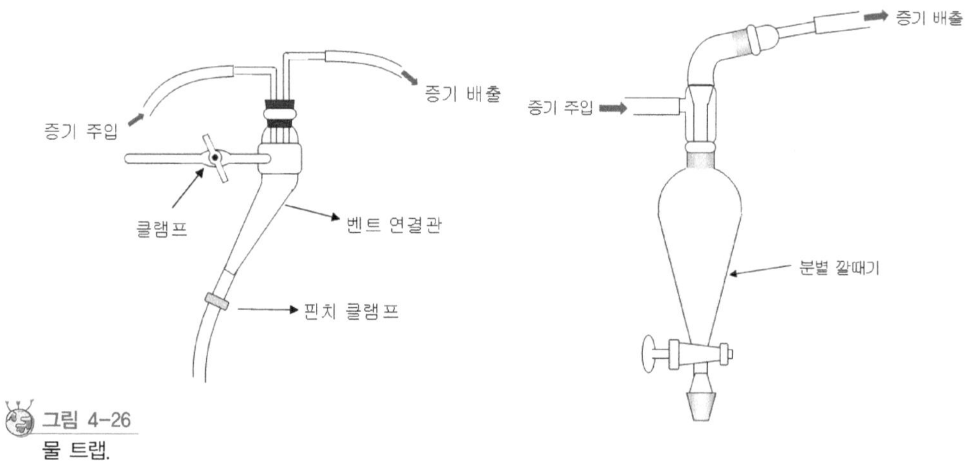

그림 4-26
물 트랩.

4-3 고성능 액체 크로마토그래피(HPLC) 입문

1 HPLC의 역사

혼합물의 분리에는 용매 추출법, 증류법, 투석법, 전해법, 전기영동법, 원심 분리, 막 여과법 및 크로마토그래피 등이 이용되어 왔다. 이 중 크로마토그래피(chromatography)는 20세기 초에 개발된 비교적 새로운 분리 방법이지만 가장 높은 신뢰성을 갖고 있는 분리 기술 중 하나라고 할 수 있다.

먼저 크로마토그래피의 역사와 오늘날까지의 발전과정을 개략적으로 살펴보기로 하자. 독일 태생의 러시아 식물학자인 체벳(M. S. Tswett)은 1906년 그림 4-27과 같은 장치를 고안하여 식물 색소인 클로로필 a와 b를 분리 식별하는 방법을 발견하였다. 그는 이 방법을 색의 기록이라는 의미의 그리스어 크로마(chroma, 색)와 그래포스(graphos, 기록)로부터 크로마토그래피라고 명명하였다. 이때부터 체벳은 크로마토그래피의 창시자로 불려지고 있다.

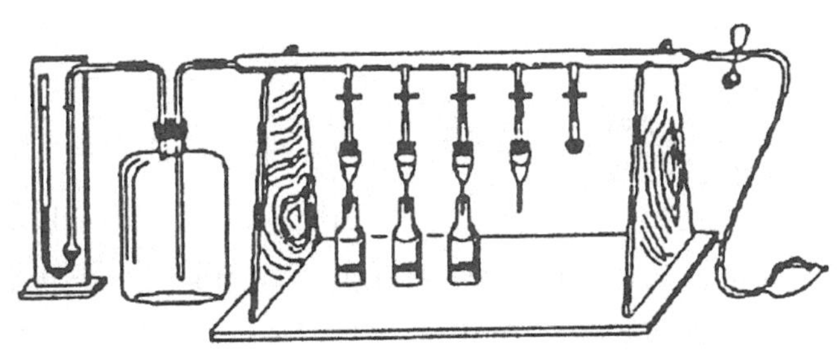

그림 4-27 체벳의 클로로필 분리 장치.

그러나 크로마토그래피에 관한 현상은 이미 19세기 중반부터 알려져 있었다. 1845년경 톰슨(Thomson) 등이 이온교환 현상을, 1861년 숀바인(Schnbein) 등이 종이의 모세관 현상을 발표하였다. 또 석유 화학자였던 데이(D. T. Day)는 석유화학 물질의 분리 방법을 개발하여 실제적인 응용을 하였다. 체벳의 연구는 독일의 유기 화학자였던 빌스태터(R. Willstster)에 의하여 더욱 발전되었다. 빌스태터는 클로로필에 대한 연구로 1915년 노벨상을 받았으며 오늘날 클로로필 연구의 아버지로 불리고 있다. 칸(Kahn) 등은 체벳과 빌태스터 등의 방법을 더욱 발전시켜 많은 식물색소의 분리에 응용하였다. 리히스타인(Reichstein)은 1938년 시료를 용매를 이용하여 분리하고 분리관(column) 하단에서 용출하는 이른바 "분리관 용출법(flowing chromatography)"을 발표하였다. 이 방법은 시료 성분을 용출시킨 뒤 용액 상태로 받아내는 것이 가능할 뿐만 아니라 용출 중에 색을 띠지 않는 물질의 경우도 적당한 방법으로 검출할 수 있는 특징을 가지고 있다. 이때까지의 크로마토그래피는 흡착제를 충전한 분리관을 사용한 이른바 흡착 크로마토그래피이었는데, 1941년 마틴(Martin)과 싱게(Synge)는 이동상과 고정상에 물질이 용해되는 성질을 이용한 분배 크로마토그래피(partition chromatography)를 발표하였다. 이 두 사람은 "노벨 화학상"을 받은 연구 논문에서 "이동상은 반드시 액체일 필요는 없으며, 기체일 수도 있다."는 말을 하고 있는데, 이것은 기체 크로마토그래피(gas chromatography, GC)에 대한 최초의 언급이라고 해도 좋을 것이다. 이들은 오늘날에도 사용되고 있는 크로마토그래피의 많은 이론과 개념을 정립하였다.

분리관의 효율을 측정하는 개념으로서의 이론 단수(theoretical plates), 분배 크로마토그래피(partition chromatography), 역상 크로마토그래피(reverse-phase HPLC, RP-HPLC) 등의 이론을 내놓았는데, 그것은 이후 크로마토그래피의 다양한 이론적 연구결과가 발표되는 계기가 되었다. 1944년 마틴 등은 고정상으로 여과지를 사용하는 종이 크로마토그래피(paper chromatography, PC)를 발표하였고, 1952년 알름(Alm)과 티셀리우스(Tiselius) 등에 의하여 두 종류의 이동상을 이용하여 혼합물을 분리하는 "농도 균배 용출법(gradient elution)"을 발표하였다. 에스탈(Estall)은 1958년 박층 크로마토그래피(thin layer chromatography, TLC)를 발표하였는데, 이 방법은 종이 크로마토그래피와 함께 장치와 조작이 비교적 단순하여 오늘날에도 많은 화학 분야에서 이용되고 있다. 1952년 마틴과 제임스(James)는 이동상으로 액체가 아닌 기체를 사용하는 기체 크로마토그래피(GC)를 발표하였다. 이 새로운 크로마토그래피 방법은 이동상으로 기체를 사용하였기 때문에 시료의 분리관 통과속도가 현저히 빨라져 신속한 분리 분석이 가능하였다. 또한 원리적으로 기기적 구조가 비교적 간단하였기 때문에 HPLC 장치에 비하여 일찍 개발될 수 있었다.

이온 교환 크로마토그래피 분야(ion exchange chromatography, IEC)는 1935년 아담스(Adams)와 홀메스(Holmes)가 이온 교환 수지를 개발하는 데 성공하고 1947년 톰킨스(Thompkins)가 희토류 원소의 분리에 이를 이용하면서 시작되었다. 이 방법은 1958년 스펙만(Spackman), 무어(Moore)와 스타인(Stein)이 아미노산의 분리에 이용하였다. 그러나 최근에는 이온쌍 크로마토그래피(ion pair chromatography, IPC), 이온억제 크로마토그래피(ion-suppression chromatography)라는 분배 크로마토그래피의 응용 방법이 개발되어 이온성 물질의 분리에 많이 응용되고 있다. 크기별 배제 크로마토그래피(size exclusion chromatography, SEC) 중 하나인 젤 침투 크로마토그래피(gel permeation chromatography, GPC)는 1953년 휘튼(Wheaton)과 바우만(Bauman) 등이 다공성 무기물인 제올라이트의 분자체 현상을 발표하고, 1962년 포라스(Porath) 등이 연질 덱스트란 젤을 이용하여 수용성 고분자를 분리하면서 젤 여과 크로마토그래피(gel filtration chromatography, GFC)라고 명명하였다. 이어 1964년 무어 등은 경질 폴리스타이렌 젤을 사용하여 유기 용매에 용해되는 고분자 물질의 분리 및 분자량 분포의 측정법을 발표하면서 GPC를 완성하였다.

이와 같이 크로마토그래피는 혼합물 중의 각 성분을 분리 분석 또는 분리·정제할 목적으로 액체 크로마토그래피(liquid chromatography, LC)로부터 시작되었지만 기기로서의 개발은 기체 크로마토그래피(gas chromatography, GC) 장치가 먼저 등장하였다. 따라서 오늘날 이용되고 있는 기기에 의한 분리, 정량, 정성 등의 이론적 방법은 GC에서 이루어졌다. GC가 관련 이론의 등장과 함께 비교적 빨리 기기로서 개발되었던 것에 비하여 LC의 기기화가 늦어졌던 이유는 고속화에 필요한 장치, 즉 고압 상태에서 일정하게 이동상을 흘려 보낼 수 있는 고압펌프, 펌프와 분리관 사이에 걸리는 고압 상태에서 시료를 주입할 수 있는 고압 시료 주입기, 내압 충전제, 고감도 검출기 등의 개발이 늦었기 때문이다.

LC의 고속화에는 1967년 후버(Huber)와 훌스만(Hulsman)의 고속 액체-액체 분배법의 개발과 같은 해 하바쓰(Horvath)가 표면교환체를, 1969년과 1971년 커클랜드(Kirkland) 등이 표면다공성 충전제 및 화학 결합형 충전제를 개발하여 장치의 개량, 개발과 더불어 오늘날의 고성능 액체 크로마토그래피(high performance liquid chromatography, HPLC)로 완성되었다. 오늘날 가장 널리 사용되고 있는 HPLC라는 용어는 1970년 하바쓰가 처음으로 도입하였다. 그때까지는 분리를 위하여 400 bar의 고압에서 주로 분석이 이루어졌기 때문에 고압 액체 크로마토그래피(high pressure liquid chromatography)라는 용어가 사용되었으나 하바쓰가 성공적인 분리 분석을 위하여 고압이 항상 필요한 것은 아니며, 오히려 적당한 고정상과 이동상의 사용이 성공적인 분리 분석의 중요한 요소라는 것을 밝힘으로써 고성능 액체 크로마토그래피(high performance liquid chromatography, HPLC)라는 용어가 보편적으로 사용되게 되었다. 상업화된 기기로서의 HPLC는 1950년대 후반에 등장했다. 미국의 다우케미칼사는 워터스(Waters)사에 산업용으로 쓰이는 굴절계용 셀(cell)의 10분의 1에 해당하는 작은 셀을 주문하였다. 이 굴절계용 셀은 135°C에서 오쏘-다이클로로벤젠(*o*-dichloro benzene)을 분석하기 위한 것이었으며 이것이 최초의 GPC 시스템이 되었다. 워터스는 다우케미칼로부터 이 장치에 대한 라이센스를 샀고 본격적인 HPLC 시스템을 제조하기 시작했다. 워터스사의 최초의 모델은 GPC 200과 260이었는데, 이전의 방법으로 4주 걸리던 분석을 단 한 시간 만에 분석 결과를 제공함으로써 수요가 크게 증가하기 시작했다.

초기의 GPC에서 당시까지는 주로 GC에 의존하고 있던 일반적인 화학 물질의 분석에 HPLC가 사용된 것은 1960년대 후반이었다. 결합형 충전제의 개발과 검출기로서 굴절

검출기(refractive index(RI) detector)에 비하여 높은 감도와 선택성을 갖고 있는 자외선/가시광선 광도계(UV/VIS spectrophotometer)가 HPLC용으로 개발되면서 응용 분야가 크게 넓어지게 되었다.

일반적으로 사용되는 HPLC 시스템의 개략적인 기기 구조도는 그림 4-28과 같다.

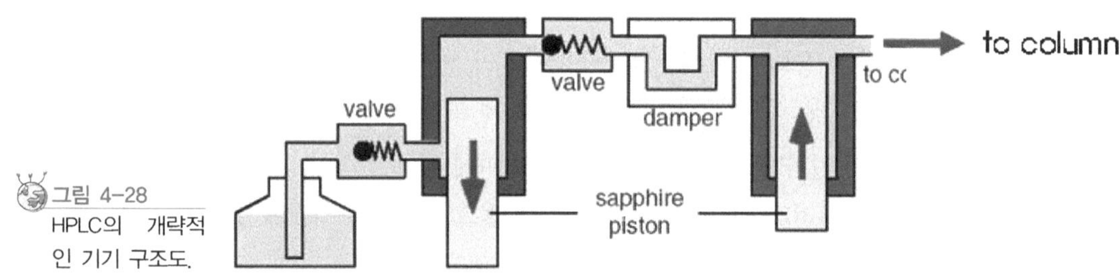

그림 4-28 HPLC의 개략적인 기기 구조도.

4-4 이온 크로마토그래피(IC)

1 개요

1) 정의

"크로마토그래피"란 용어는 색깔을 기록한다는 뜻으로 희랍어의 어원을 갖고 있다. 이는 최초의 대상 물질이 식물의 색소와 같이 색깔이 있는 성분들이었으므로 이와 같이 명명되었다. 혼합물을 이루고 있는 각각의 성분들이 고정상과 이동상간의 서로 다른 분배비로 인해 분리되는 원리를 기초로 한 물리·화학적 분리법이라고 정의된다.

2) 방법

이동상이 고정상을 통하여 흐르고 있는 동안 시료를 주입시키면 시료 분자들은 각각의 상에서 일정 시간 동안 머물게 된다. 이때 고정상 속에 오래 머물러 있는 시료 분자들은 이동상에 의해 천천히 이동해 가며, 머무름 시간이 적은 시료 분자들은 빠르게 이동함으로써 머무름 시간(retention time)이 서로 다른 분자들 사이의 분배 차이에 의해 시료 중 각 성분의 분리가 이루어진다. 일반적인 실험 방법은 고정상을 충전시킨 칼럼을 사용하여 용리액(eluent)을 통하여 흘려주게 되며, 일정한 유속(flow rate)으로 시료를 주입시킨다. 칼럼에 의해 각기 분리된 성분들은 검출기를 통해 기록기에서 피크(peak)로 나타난다. 머무름 시간으로 정성 분석 및 피크의 높이나 면적으로 정량 분석을 한다.

3) 분류

여러 형태의 크로마토그래피는 이동상과 고정상의 물리적 상태에 따라 다음과 같이 각기 분류할 수 있다.

이 동 상	고 정 상		
	액 체	고 체	
기 체	GLC	GSC	→ gas chromatography
액 체	LLC	LSC (HPLC)	→ liquid chromatography

G : gas	L : liquid
S : solid	C : chromatography

그림 4-29
이동상과 고정상의 물리적 상태에 따른 크로마토그래피의 분류.

시료의 분리 메커니즘이나 실험 방법에 따라 좀 더 세분하여 살펴보면, 다음과 같이 분류할 수 있다.

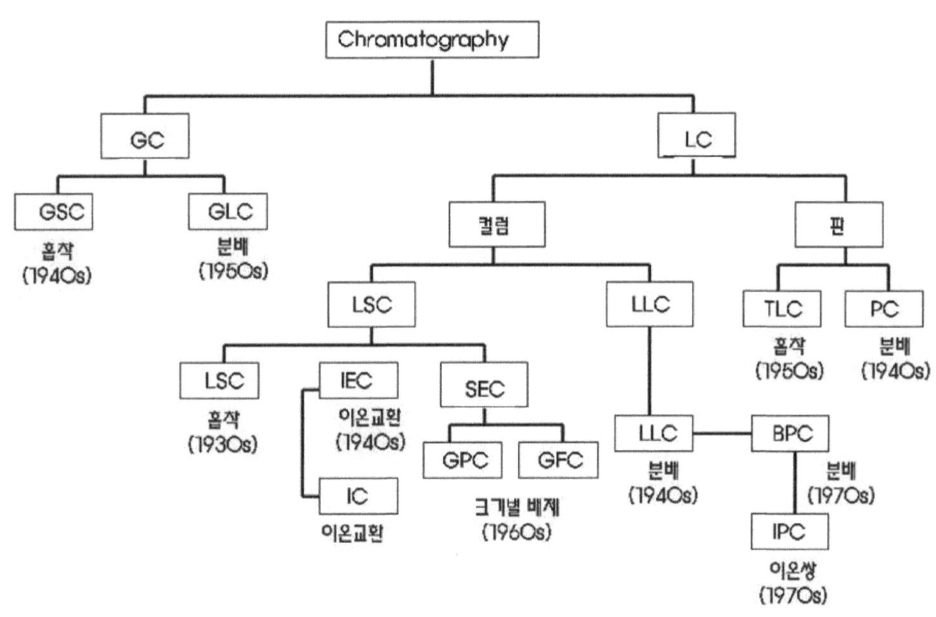

그림 4-30
시료의 분리 메커니즘이나 실험 방법에 따른 크로마토그래피의 분류.

GC는 정지상의 종류에 따라 GSC(gas solid chromatography)와 GLC(gas liquid chromatography)로 나뉘어지는데, 고정상이 고체이면 흡착, 액체이면 분배에 의한 시료의 분리 메커니즘을 갖고 있다. LC는 방법에 따라 칼럼(column)과 판(Plate)을 이용하는 방법으로 나누어지며, 판을 이용하는 후자의 경우는 정량적 의미보다는 정성적 분리법으로 널리 이용되고 있고, 분리관인 칼럼을 이용하는 전자의 경우에는 정성 및 정량에 이용되는 현대의 기기분석법에 주로 이용되고 있다. LC의 경우도 정지상의 상태에 따라 LLC(liquid liquid chromatography)와 LSC(liquid solid chromatography)로 구분되며, LSC의 경우 정지상이 이온 교환 수지인 경우는 이온 크로마토그래피(ion chromatography, IC)로 부른다. 또한 분자량의 크기에 따라 여러 가지 크기의 다공성 젤을 정지상으로 하여 분리하는 크기별 배제 크로마토그래피(size exclusion chromatography, SEC)로 구분할 수 있으며, SEC의 경우 GPC(gel permeation chromatography)와 GFC(gel filtration chromatography)로 세분화된다. 한편 LLC에서 정지상은 액상이 고체 지지체에 왁스와 같은 형태로 흡착되어 있는 경우를 말한다. 특히, LLC에서 볼 수 있는 단점을 보완하기 위해 액상을 고체 지지체에 화학적 결합으로 흡착시킨 경우를 화학결합상 크로마토그래피(bonded-phase chromatography, BPC)라고 부르며, 최근 사용되는 대부분의 HPLC는 BPC의 일종이다. BPC는 고정상과 이동상간의 극성에 따라, 다음과 같은 방법으로 구별될 수 있다.

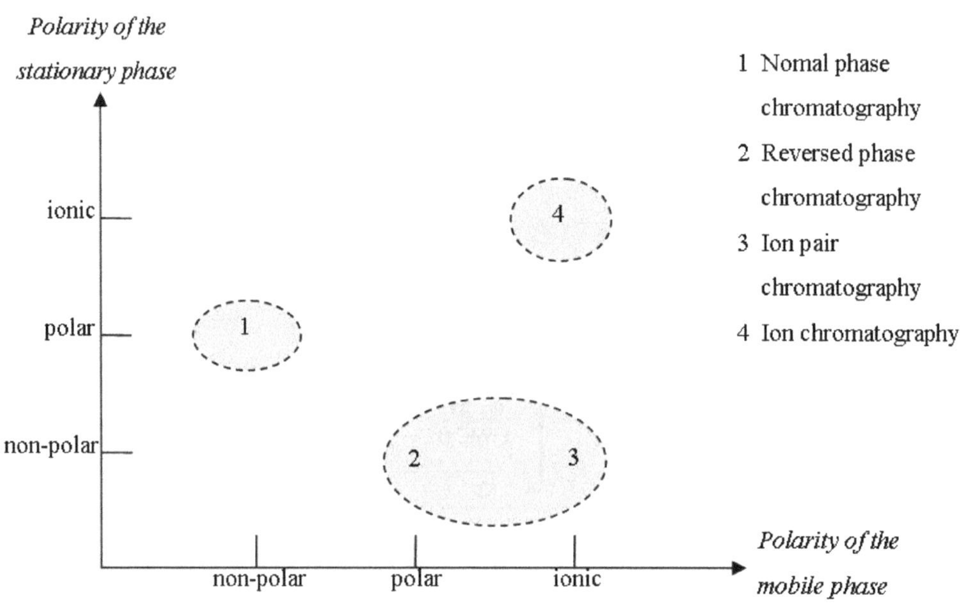

그림 4-31
고정상과 이동상간의 극성에 따른 크로마토그래피의 분류.

4) 분리 메커니즘

일반적으로 LC에 의해 분리되는 메커니즘 중 가장 많이 이용되는 분배(partition)와 흡착(adsorption)의 원리는 다음과 같다.

① 분배(Partition)

충전제(고정상 혹은 정지상이라고도 함), 용매, 시료의 극성 차에 따라 고정상에 잘 분배되는 시료와 덜 분배되는 시료별로 분리관을 통과하는 시간 차이에 의해 분리하는 방법이다. 분배 방법에는 순상(normal phase, NP)과 역상(reverse phase, RP)으로 구별되며 전자의 경우, 극성도가 높은 충전제와 비극성도가 높은 용매를 사용하는 것으로 고정상 표면이 이동상보다 극성이므로 극성도가 높은 시료는 충전제에 오래 머무르고 비극성도가 높은 시료는 상대적으로 늦게 나온다. 이 방법은 주로 극성 시료의 분리에 이용되고 있다. 후자의 경우, 비극성도가 높은 충전제와 극성도가 높은 용매를 사용하여 비극성 시료의 분리에 이용되고 있다.

② 흡착(Adsorption)

정지상인 흡착제는 활성화 부분(active site)을 갖고 있으므로 시료 분자가 선택적으로 흡착되며, 충전제의 흡착 정도에 따라 분리가 이루어진다. 이때 분리 메커니즘은 다음과 같다.

1) 쌍극자간 인력
2) 수소 결합
3) π 결합
4) 전하 이동 결합
5) 입체 효과

5) 이동상(Mobile phase)

액체를 이동상으로 사용하는 크로마토그래피에서 이동상은 중요한 역할을 수행한다. GC의 경우 사용되는 이동상이 한정되어 있는 반면 LC의 경우는 이동상과 고정상을 시료에 따라 다양하게 변화시킬 수 있으므로 응용 폭이 넓다. 이동상으로 쓰인 용매(solvent)는 완전히 용존 기체를 제거시켜 용액 중 기포로 인한 실험 오차를 줄여야 한다. 가스를 제거하는 방법은 용매에 용해도가 낮은 불활성 가스(예, 헬륨이나 질소)로 퍼징(purging)시키는 방법과 약한 열을 가하거나 진공으로 제거하는 방법 또는 초음파에 의한 기체의 제거 방법 등이 있다. 이동상 제조시 사용되는 물은 탈이온수 및 삼차

증류수를 이용하여야 하며, 사용되는 모든 시약은 특급 시약을 사용해야 한다. 용매는 HPLC 등급의 용매만을 사용해야 한다. 또한 이동상(mobile phase) 제조 후 여과를 함으로써 불순물이나 용존 기체를 제거시킬 수 있다. 이동상의 조건은 다음과 같다.

1) Column과 그 자체의 특성에 영향이 없을 것
2) 검출기와 호환성
3) 시료의 용해
4) 낮은 점도
5) 순수해야 하며 오염되지 않은 것

6) 펌프(Pump)

크로마토그래피에 이용되는 펌프는 왕복운동 펌프(reciprocation pump), 일정 압력 펌프(constant pressure pump), 양치환 펌프(positive-displacement pump) 등으로 나누어지며, 일반적으로 왕복운동 펌프가 가장 많이 이용되고 있다. 왕복운동 펌프 중에 단일 헤드(single head)형은 흐름 속도(flow rate)에 파형이 생기므로 펄스를 줄이는 뎀퍼(pulse dampener)를 이용하여 검출기에 생기는 심한 잡음(noise)를 제거시켜야 한다. 이와 같은 펌프의 펄스를 줄이기 위해 두 개의 피스톤을 이용하고 있는 이중 헤드 펌프(dual head pump)가 있으며, 이 방법을 사용하면 펄스를 많이 줄이기는 할 수 있으나 완전히 제거시키지는 못하므로 펄스 뎀퍼를 이용하는 것이 좋다.

7) 시료 주입기(Injector)

분석 시료를 용리액(eluent)에 실어주는 역할을 수행하는 장치로서 루프 주입기(loop injector)와 유니버샬 주입기(universal injector)로 구별된다. 루프 주입기의 장점은 정확한 시료의 양을 주입시킬 수 있다는 것이며, 유니버샬 주입기의 장점은 적은 시료의 분석에 적당한 장점을 가지고 있다.

8) 분리관(Column)

분리관은 크로마토그래피의 심장부 역할을 수행하는 장치로 혼합물의 시료를 각각의 성분으로 분리해 주는 역할을 수행한다.

9) 검출기(Detector)

분리된 시료가 일정 작용에 의해 감지되어 전기적 신호로 바뀌며, 일반적으로 신호의 크기는 시료를 정량하는 척도로 이용된다. 검출 방법에 따른 검출기의 종류는 다음과 같다.

① 자외선/가시광선 흡광 검출기(UV/Visible absorption detector)

특정 파장의 광원이 시료에 투과되면 일부 광원은 흡수되고 일부 광원은 통과하게 되는데 특정시료는 특정파장의 빛에 대한 흡광도가 높으므로 시료를 투과하는 빛의 강도는 상대적으로 작아져서 총 투사량에서 투과량을 뺀 광량이 흡광도로 표시된다. 흡광도의 크기는 전기적 신호로 바뀌고, 이 신호의 크기는 정량의 척도로 이용된다. 광원의 흡수 정도는 측정되는 용액의 농도에 비례하며, Beer-Lambert(간단히 Beer의 법칙이라 함) 법칙에 따른다.

$$A = \varepsilon \cdot b \cdot c$$

A = 광원 흡수량

ε = 몰흡광 계수

b = 측정 용액의 통과 길이

c = 측정 용액의 몰농도

다만 UV/Vis 검출기를 사용할 경우에는 시료가 UV/Vis를 흡수할 수 있는 물질이어야 한다. 즉, UV/Vis 광원의 빛을 흡수할 수 있는 물질로는

1) 방향족 작용기를 가진 물질
2) 두 개 이상의 연속된 이중 결합(double bond)을 갖는 물질
3) 이온 전자쌍(ion electron pair)을 가진 원자의 인접한 곳에 이중 결합을 갖고 있는 물질
4) 카보닐 작용기(carbonyl group)를 가진 물질
5) Br, I, S를 포함한 물질 등

② 굴절률 검출기(Refractive Index detector, RI detector)

RI detector는 빛 굴절의 변화량을 측정한다. 이 검출법은 가장 보편적으로 광범위하게 이용될 수 있다. 시료 저장용기를 통해 흐르는 모든 물질을 기록하지만 UV/Vis 검출기에 비해 감도가 떨어지는 단점을 가지고 있다. RI detector는 다음 원리에 따라 측정된다.

$$\Delta n = n_G - n_L \approx (n_P - n_L) \cdot c$$

Δn = 굴절률의 차

n_G = 용해된 시료의 굴절률

n_L = 순수 용매의 굴절률

n_P = 시료의 굴절률

c = 시료의 농도

위에 언급한 바와 같이 RI 검출기는 비선택적이므로 일반적인 응용에 이용된다.

③ 전도도 검출기(Conductivity detector)

검출 전극 사이에 존재하는 이온 시료의 양에 따라 두 극간의 전기 전도도에 차이가 발생하며 전기 전도도는 이온 시료의 양에 비례한다. 이와 같은 원리를 응용하여 제작한 것이 전도도 검출기이다.

④ 형광 검출기(Fluorescence detector)

빛을 받으면 발광하는 시료 물질이나 발광 물질로 표지된 시료를 검출할 때 사용하는 검출기로서 시료에서 발광되는 형광의 양은 시료량에 비례하며 형광량에 따른 전기적 신호의 크기가 정량의 척도로 이용된다. 이 또한 UV/Vis 검출기와 마찬가지로 시료에 형광성을 띠는 물질을 포함해야 하는 선택성을 가지고 있다. 하지만 UV/Vis 검출기에 비해 최소 1000배 이상의 높은 감도를 보여 준다.

⑤ 전기화학 검출기(Electrochemical Detector)

전기화학 검출기를 이용한 LC는 유기 화합물을 쉽게 산화하고 환원할 수 있는 미량 성분의 검출에 폭 넓게 이용되고 있다. 분석하고자 하는 시료의 산화환원 전위(Redox potential)에 해당하는 전압을 부하한 두 전극 사이로 시료가 통과하면서 시료는 한 전극의 표면에서 산화 또는 환원된다. 이때 이에 따른 전자의 이동이 두 전극 사이의 전류량 차이로 나타나게 된다. 전류의 변화량은 검출기를 통과하는 시료의 양에 비례하며, 이때 전류의 변화량이 곧 정량의 척도로 나타난다. 검출감도는 시료에 따라 적절한 전극 및 부하 전압을 설정함으로써 극대화시킬 수 있다. 현재 LC에 이용되고 있는 전기화학 검출기는 포유 동물에서의 aromatic metabolism에 관한 연구에 이상적으로 응용되고 있으며, 최근 논문들은 전류를 응용할 수 있는 모든 물질에 전기화학적 검출을 응용하고 있다.

2 이온 크로마토그래피(Ion chromatography) 개요

고압(high pressure)이나 고성능(high performance)으로 불리는 HPLC가 60년대 말

에 소개된 이래 HPLC는 현대 분석기기 중에서 가장 광범위하고 감도 높은 방법으로 발전되어 왔다. 이온 크로마토그래피(ion chromatography, IC)는 1975년에 소개되어서 짧은 시간 내에 오늘날 무기 및 유기 이온 분석에 있어서 HPLC 방법을 포함하는 독자적인 분석 기술로 발전되어 왔다. 이온 교환 칼럼과 전도도 검출기를 연결한 IC가 가장 중요한 형태로 진행 중이며, IC는 실제로 다음과 같은 두 가지 다른 기술이 사용되고 있다. 이중 분리관 기술(dual-column technique)에서는 바탕 전도도를 화학적으로나(소위 suppressor라고 칭함) 전자적으로 줄이고 있다. 반면, 단일 분리관 기술(Single-Column technique)은 낮은 전도도를 갖는 유기산 염으로 용리를 시켜서 비교적 낮은 바탕 전도도를 갖도록 하여 이를 전자적으로 직접 감소시킬 수 있도록 하는 방식이다.

1) IC 분리 메커니즘

IC 분리의 대부분은 전하를 띤 작용기를 가진 고정상에서 이온 교환에 의해 이루어진다. 이동상의 반대 이온들은 고정상의 작용기 주위에 머무르게 되며 이동상에서 동일 전하의 다른 이온들과 함께 교환이 이루어진다. 모든 이온에 대해 교환 과정은 연관된 이온 교환 평형으로 이뤄질 수 있으며 이동상과 고정상간의 분배를 결정한다. 예를 들어, 음이온 A^-의 경우

$$E^- \text{ stat} + A^- \text{ mob} \rightleftarrows A^- \text{ stat} + E^- \text{ mob}$$

$$K_A = \frac{[A^-]\text{stat} \times [E^-]\text{mob}}{[A^-]\text{mob} \times [E^-]\text{stat}}$$

A^- : Sample anion, E^- : Eluent anion(counter ion)

시료의 여러 가지 이온성 성분들은 이온 교환자(son exchanger)의 고정상에서 서로 다른 친화도에 의해 분리가 이루어지게 된다. 이온 교환자의 가장 중요한 역할을 하는 그룹은 합성수지로 된 유기 물질이며, 스타이렌(styrene)의 공중합체(copolymer)와 다이바이닐벤젠(divinylbenzene)이 지지체로서 종종 이용된다. 이 지지체의 화학적 구조는 아래와 같다.

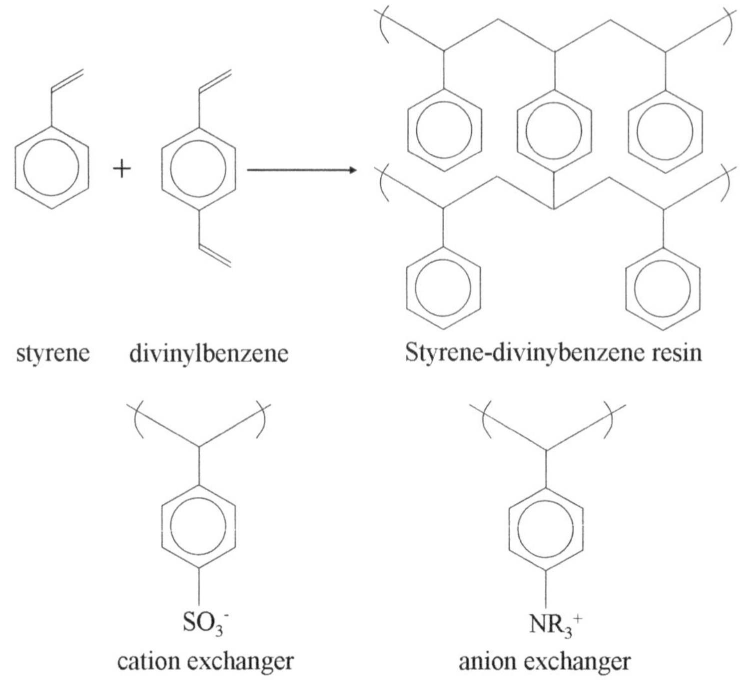

styrene divinylbenzene Styrene-divinybenzene resin

SO_3^-
cation exchanger

NR_3^+
anion exchanger

그림 4-32
IC에서 주로 사용되는 지지체의 화학적 구조.

일반적인 작용기(functional group)는 다음과 같다.

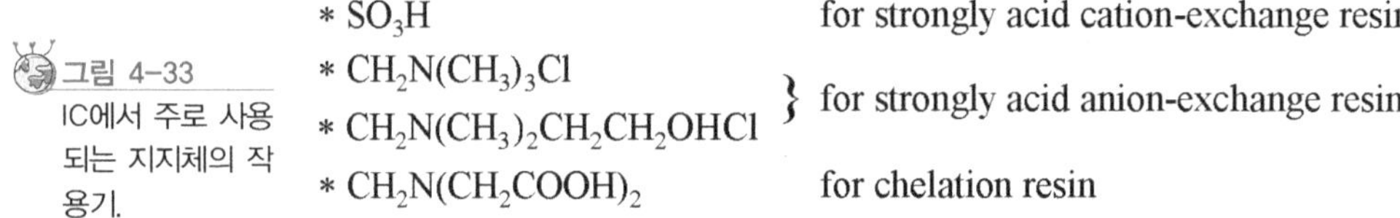

* SO_3H	for strongly acid cation-exchange resin
* $CH_2N(CH_3)_3Cl$ * $CH_2N(CH_3)_2CH_2CH_2OHCl$	} for strongly acid anion-exchange resin
* $CH_2N(CH_2COOH)_2$	for chelation resin

그림 4-33
IC에서 주로 사용되는 지지체의 작용기.

폴리스타이렌(polystyrene)으로 만들어진 수지는 화학적으로 안정하며 뛰어난 물리적 특성을 갖고 있다. 희석한 표면활성제로 확산된 액체 방울로서 polymer화되어 있기 때문에 입자들은 거의 완전한 구형을 갖고 있다. 교환기들에 있어 중요한 변수는 가교(cross-link) 정도이다. 가교의 정도는 원래의 단량체(monomer) 혼합체 중의 다이바이닐벤젠(divinylbenzene, DVB)의 퍼센트로 표시된다. 크로마토그래피에서 일반적으로 이용되는 수지는 4%, 8% 혹은 12% DVB를 갖고 있으며, 8%가 가장 널리 이용되고 있다. 가교 정도가 높음에 따라 선택성이 증가하며, 수지가 물에 첨가될 때에도 부피가 크게 증가하지 않으므로 분리관 수지의 단위 부피당 더 많은 이온을 갖게 된다. 하지만, 가교가 많은 수지에서 이온들은 덜 확산된다. 반면, 가교 정도가 적은 수지는 이온과 분자들이 좀 더 잘 침투할 수 있으며 좀 더 많은 양의 이온들을 교환시킬 수 있다. 이런 이유로 그런 수지들은 유기 및 생화학 분석에 유용하지만 작은 압력 및 부피 변화에도 쉽게 변형된다.

2) 이온 교환 크로마토그래피(Ion exchange chromatography) 메커니즘

Citrate, malate, acetate 등 유기산 분석에 널리 이용되는 이온 교환 크로마토그래피(ion exchange chromatography, IEC)는 용질과 고정상간의 van der Waals 힘을 이용하여 분리하며, 분리 메커니즘은 Donnan exclusion, steric exclusion, adsorption 이다.

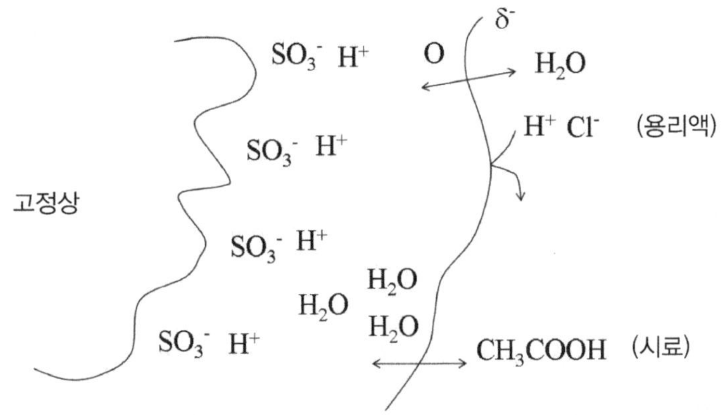

그림 4-34 IEC 분리 메커니즘.

그림 4-34와 같이 양이온 교환 수지는 (-) 전하를 띠고 있으므로 이온화가 큰 화합물은 고정상 내에 들어갈 수 없으나 해리되지 않는 중성 분자는 소수 효과나 π전자 상호작용에 의해 교환체의 흡착력을 조정한다. 유기산의 분리에 있어서 용리액의 pH를 조절함으로써 좋은 분리도를 얻을 수 있다.

3 크로마토그래피 특성

1) 머무름 시간과 피크폭

크로마토그래피 분리에 따른 용리 곡선(신호 대 시간)을 소위 크로마토그램(chromatogram)이라고 부르며, 일반적으로 다음과 같이 나타난다.

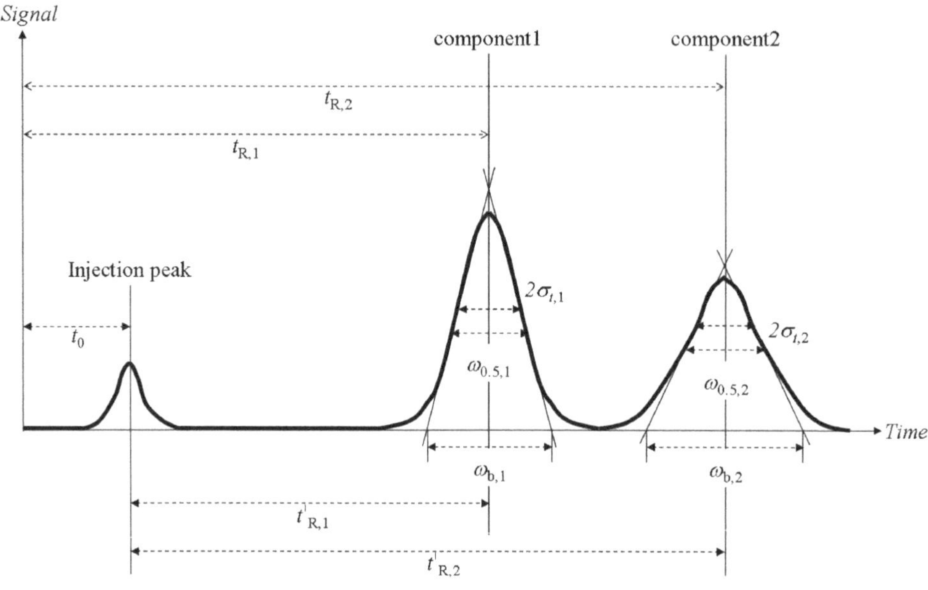

그림 4-35
크로마토그래피에서 사용되는 일반적인 용어 정의와 해석.

여기서,

t_0(dead time): 이동상이 분리 시스템까지 흐르는 데 요구되는 시간

t_R(retention time): 물질을 주입한 후부터 주입된 물질이 최대의 피크를 이루는 데까지 걸리는 시간

t'_R(net retention time) = retention time(t_R) − dead time(t_0)

σ_t(standard deviation): 변곡점에서 피크폭의 반

$W_{1/2}$: 중간 높이에서의 피크폭 = $2.3540\sigma_t$

W_b: 바탕선의 피크폭 = $4\sigma_t$

시간 변수 t_0, t_R과 t'_R은 일정한 유속을 이용해서 dead volume V_0, retention volume V_R 그리고 net retention V'_R로 전환할 수 있다. 만일 크로마토그램이 대칭적이라면, 크로마토그래피의 피크의 모양은 가우시안 분포 곡선(Gaussian curve)에 의해 충분한 정확도를 갖고 나타낼 수 있다. 그런 Gaussion형 피크의 경우 표준편차 중간 높이에서의 피크폭 $W_{0.5}$와 바탕선의 피크폭 W_b는 크로마토그램으로부터 결정할 수 있다.

2) 용량 인자(Capacity Factor, K')

머무름 시간 t_R은 크로마토그램의 정량적인 정보이며, 변화되지 않는 요소(칼럼, 이동상, 온도 등)로서 크로마토그래피 조건을 제공하는 일정한 조성분에 대한 상수이다.

한 물질을 특성화하기 위해 머무름 시간으로 용량 인자 K'를 인용하는 것이 좀 더 편리하며, 용리액의 유속이나 칼럼 길이와는 무관하다.

$$K' = \frac{t'_R}{t_0} = \frac{t_R - t_0}{t_0} = \frac{t_R}{t_0} - 1$$

낮은 값의 K'는 관련된 이온들이 주입 피크 근처에서 용리되며, 분리가 잘 되지 못하고 있음을 뜻한다. 1과 5 사이의 용량 인자가 실제로는 적당하며, 그보다 더 큰 값의 K'는 피크의 폭이 넓어지는 결과를 낳게 되어, 감도가 떨어지고 분석 시간이 길게 된다.

3) 머무름비(Selectivity, α)

두 물질이 서로 다른 K'값을 갖고 있을 때 비로소 분리된다. 크로마토그래피 시스템의 분리 효율에 관한 측정이 곧 선택성(혹은 상대적 머무름비, α)이다.

$$\alpha = \frac{K_2'}{K_1'} = \frac{t_{R^2}' - t_0}{t_{r^1}' - t_0} (K_2' > K_1')$$

4) 이론 단수(Plate number, N)

분리 시스템의 능력을 평가하기 위해 한 가지 더 추가할 수 있는 방법이 이론 단수 N을 측정하는 것이다. 이론 단수란 열역학적 평형이 고정상의 일정한 조성 물질의 평균 농도와 이동상 그 자체의 평균 농도 사이에서 만들어지는 분리 시스템의 영역이라고 정의된다. 만일 어떠한 Gaussian 피크 형태가 있다고 가정하면, 비교적 긴 머무름 시간을 가진 피크에 대한 이론 단수 N은 머무름 시간과 크로마토그램에서의 피크폭으로부터 다음과 같은 식을 이용하여 계산할 수 있다.

$$N = \left(\frac{t_R}{\sigma_t}\right)^2 = 5.54\left(\frac{t_R}{W_{0.5}}\right)^2 = 16\left(\frac{t_R}{W_b}\right)^2$$

5) 분리도(Resolution, R)

실제로 분리되는 정도의 측정 비교는 인접한 피크 사이에서의 분리능, R로 표시한다.

$$R = \frac{2(t_{R,2} - t_{R,1})}{W_{b,1} + W_{b,2}} \times \frac{1.177(t_{R,2} - t_{R,1})}{W_{0.5,1} + W_{0.5,2}}$$

피크의 바탕폭 $W_{b\cdot1}$과 $W_{b\cdot2}$가 거의 같다면, 분리도 R은 피크 지점간의 거리가 고정되므로 R = 0.5는 두 개의 최대 피크가 분리되었다고 이해할 수 있다. 정량 분석에서는 R= 1.5까지의 분리도가 이론적으로는 바람직하지만 실질적으로 1.75 정도의 분리도가 요구된다. 하지만, 더 이상 큰 분리도 값들은 분석 시간만 불필요하게 길게 할 뿐이다. R은 변수 K'_2(나중에 용리된 물질의 용량 인자), 머무름비 α와 칼럼의 이론 단수 N에 의존한다.

$$R = \frac{\sqrt{N}}{4} \times \frac{\alpha - 1}{\alpha} \times \frac{K'_2}{1 + K'_2}$$

두 피크간의 분리도를 증가시키기 위한 세 가지 방법을 소개하면 다음과 같다.

① K'값의 변화

각각의 성분에 대한 용량 인자는 이동상의 용리 강도 및 농도의 변화에 영향을 받으며 용리액의 이온 강도는 다른 K'값을 상승시킨다. 이것은 칼럼의 용량이라든가 검출기에 대한 영향은 무시한 것이다.

② 이론 단수(Plate number, N)

큰 N을 가진 분리관(칼럼)은 큰 분리능을 갖게 되지만 머무름 시간이 길어져서 분석시간이 길어진다. 또한 이론 단수는 효율 및 칼럼 길이를 증가시키면 커진다.

③ 머무름비(혹은 선택성) α의 증가

분리능을 가장 효과적으로 증가시킬 수 있는 방법은 분석 물질에 적합한 다른 칼럼이나 용리액의 조성을 바꾸어서 α값을 증가시키는 것이다. 어떤 특정한 칼럼과 용리액을 사용한다면, 이론 단수 N은 분리도 및 크로마토그램에 영향을 미친다. 주어진 칼럼에 대해 N은 충전제 및 그 자체의 충전 정도에 따라 서로 변화된다.

6) 비대칭 인자(Asymmetry factor, T)

Gaussian 피크와 같은 용리액의 크로마토그래피 신호가 실제상에서는 일어나지 않는 경우도 있다. 일명 꼬리끌기(tailing)라고 부르는 비대칭성 피크 형태가 나타나기도 한다.

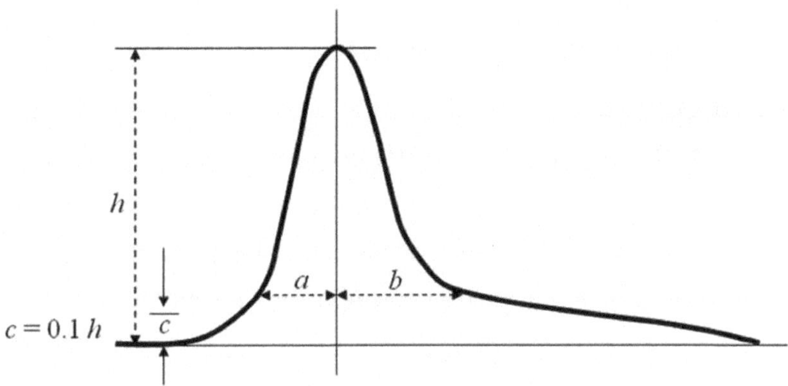

그림 4-36
크로마토그램에서 피크의 꼬리끌기.

비대칭적인 피크는 10% 피크 높이에서 결정하는 a와 b를 가지고 비대칭 인자 T로 정량화할 수 있다. 방해 요소가 없는 피크 면적의 평가에서, T는 2.5 이하이어야 한다. 이 값 이상이 되면 피크의 끝은 확인이 어렵다.

$$T = \frac{b}{a}$$

다음과 같은 많은 원인으로부터 꼬리끌기는 일어날 수 있다.

① 데드 부피(dead volume)

주입기와 검출 기간의 거리에서 생기는 데드 부피는 피크를 넓게 하며, 꼬리끌기의 원인이 된다. 비대칭은 후에 용리되는 피크보다 앞서 용리되는 피크가 좀 더 빨리 나오게 되는 것이며, 꼬리끌기는 유속에 따라 증가된다.

② 분리관 과주입(column overloading)

지나치게 많은 양의 물질을 주입시키면, 분리관이 보유하고 있는 최대 주입한 양을 초과하게 되어 피크의 폭이 넓어지게 되며, 꼬리끌기가 심한 피크를 얻게 된다. 과주입은 10% 이상 용량 인자를 낮춤으로써 확인할 수 있다.

③ 화학방해 효과(chemical effects)

지배적인 분리 메커니즘은 IC에서 흡착 현상과 같은 메커니즘에 의해 역으로 영향을 받게 된다. 유속을 점점 낮추면 이런 꼬리끌기가 좀 더 분명해진다.

4 전도도 검출

1) 전도도(K)

이온 성분들을 결정하는 일반적인 방법이며, IC에서 전도도 측정은 가장 중요한 부분을 차지하고 있다. 전도도란 이온 이동으로 인한 전류를 이동시키기 위해, 두 개의 전극 사이에 가해진 전기장을 전해질 용액의 이온 전달 능력이라고 정의된다. 가해진 전압 U와 전류 I 사이에서의 관계는 "옴의 법칙"으로 표시된다.

$$R = \frac{U}{I} \text{ [단위: } \Omega\text{] (U : 전압, I : 전류)}$$

저항 R의 역수는 conductance G로 나타나며, 단위는 siemens이다.

$$G = \frac{1}{R} \text{ [단위: s]}$$

전도도 측정법에서 일상적으로 다양하게 측정되는 것은 전도도 K이며, 전해질 용액의 전극 표면적 A와 전극간의 거리 L에 의존한다.

$$k = G \times Kc \ \ [\text{S cm}^{-1}]$$

$$K_C = \frac{L}{A} \ \ [\text{cm}^{-1}]$$

L/A는 전지 상수(cell constant, Kc)로 알려져 있다. 이것은 일반적으로 직접 계산할 수 없지만 검정 용액으로 결정할 수 있다. 용해된 성분의 농도와 형태에 따른 전기적인 전도도 K에 관한 요소들은 다음과 같이 묘사할 수 있다.

$$k = \frac{\Lambda \times C(eq)}{1000}$$

Λ : equivalent conductivity [S cm^2 mol^{-1}]

C(eq) : equivalent amount-of-substance concentration [mol/1000 cm^3]

$$C(eq) = C \times Z$$

C : amount-of-substance concentration [mol/1000 cm^3]

Z : valency

그러므로 전해질 용액의 농도가 증가함으로써 전도도가 증가한다. 이 직선상의 관계는 희석 용액에만 적용되지만, equivalent conductivity는 Kohlrausch의 법칙에 의하여 농도와 관련된다.

$$\Lambda\{C(eq)\} = \Lambda\infty - A\sqrt{C(eq)}$$

Λ_∞ : 무한히 희석한 용액에서의 equivalent conductivity

A : 상수

표 4-3 25℃ 수용액에서 무한 묽힘을 위한 동등 이온 전도도.

Anions	Λ_∞^+ [S cm^2 mol^{-1}]	Cations	Λ_∞^- [S cm^2 mol^{-1}]
OH^-	198	H^+	350
F^-	54	Li^+	39
Cl^-	76	Na^+	50
Br^-	78	K^+	74
I^-	77	NH_4^+	73
NO_2^-	72	$1/2Mg^{2+}$	53
NO_3^-	71	$1/2Ca^{2+}$	60
HCO_3^-	45	$1/2Ba^{2+}$	59
CO_3^-	72	$1/2Zn^{2+}$	64
$H_2PO_4^-$	33	$1/2Hg^{2+}$	53
$1/2HPO_4^{2-}$	57	$1/2Cu^{2+}$	55
$1/2PO_4^{3-}$	69	$1/2Pb^{2+}$	71
$1/2SO_4^{2-}$	80	$1/2Co^{2+}$	53
SCN	66	$1/3Fe^{3+}$	70
acetate	41	$N(Et)^{4+}$	33
1/2phthalate	38		
Propionate	36		
Benzoate	32		
Salicylate	30		

동등 전도도(equivalent conductivity, Λ_∞)는 이온의 전도도 Λ_∞^+와 Λ_∞^-합으로 표시된다($\Lambda_\infty = \Lambda^+_\infty + \Lambda^-_\infty$). 음이온과 양이온의 이온 전도도는 일반적으로 35와 80 $cm^2\ mol^{-1}$ 사이이며, 단지 예외로 H^+과 OH^-은 350과 198 S $cm^2\ mol^{-1}$로 매우 높은 이동성이 있다. 일람표로 된 이온 전도도의 도움을 받아서, 희석하기 위한 순수한 용액의 전도도 및 수용성 전해질 용액의 전도도를 비교적 좀 더 정확하게 계산할 수 있을 것이다.

이온의 종류 및 이온 농도와 더불어, 용매의 온도와 극성이 전기 전도도에 영향을 미친다. 용액의 전도도는 온도와 직접 연관이 있으며 온도가 변하면 전도도 또한 변한다. 온도에 대한 영향은 1°C당 2~10%로 알려져 있다. Chemical suppression이 없는 이온 크로마토그래피(single-column-technique)에서는 보정되어야 하는 바탕의 전도도가 측정되는 신호와 비교해서 비교적 커야 하므로 전도도 검출기는 매우 높은 수준으로 제작되어야 한다. 전자 억제(electronic suppression)에 일차적으로 중요한 것은 바탕의 불변성이다. 위에서 언급한 것처럼, 전도도는 온도의 영향을 받으므로 전도도 측정 셀(cell)에서 용리액의 온도를 일정하게 유지시켜 주어야만 한다($\leq$ 0.01℃).

2) 감도(Sensitivity)

전도도에 대한 측정감도는 시료 이온과 용리 이온의 동량 이온 전도도(equivalent ionic conductivity)의 차에 비례한다. 음이온 결정에서, phthalic, salicylic 및 benzoic acid가 낮은 동량 이온 전도도를 갖고 있으므로(표 4-3 참조) 일반적으로 사용된다. 좀 더 높은 동량 이온 전도도를 가진 음이온이 검출기에서 나타난다면 전도도는 증가하게 되어 positive peak가 얻어진다.

$$\Delta_K \propto c(eq) \times (\Lambda_S - \Lambda_E)$$

$\Lambda_S < \Lambda_E$: positive peak

$\Lambda_S = \Lambda_E$: no peak

$\Lambda_S > \Lambda_E$: negative peak

반면, 시료 이온의 동량 이온 전도도가 용리액 이온보다 낮다면 음의 피크(negative peak)가 나타난다. phosphate의 경우를 예로 든다면 phthalic acid pH 5.0, 2 mM에는 phosphate가 $H_2PO_4^-$으로 존재한다. $\Lambda_\infty^-(H_2PO_4^-)$ = 33이므로 Λ_∞^-(phthalate)보다 더 낮은 조건하에서는 negative peak를 얻게 된다(올바른 측정: $\Lambda_\infty^-(HPO_4^{2-})$ = 57이 될 때까지 pH를 높임). 음이온에 대한 감도는 일반적으로 1 mg/L(= 1 ppm)당

0.1~0.5 μS/cm이다. 알칼리 금속족 및 알칼리 토금속족의 분리를 위한 용리액으로서는 일반적으로 2 mM HNO_3와 같은 희석된 산이 이용된다. 이 금속족들은 특별한 이동 메커니즘 때문에 양자가 예외적으로 높은 동량 이온 전도도를 갖고 있으므로, 전도도는 다른 양이온들이 H^+ 이온들과 치환되자마자 급속적으로 떨어지고, 일반적으로 negative peak는 높은 △∧값에 따라 매우 예민하게 얻어진다(전도도는 일반적으로 1 mg당 1~10 μS/cm). 감도의 최저 한계는 검출기 잡음에 의한 것이며, 1~10 μS/cm이다. 이 잡음은 고압 펌프 및 background 전도도에 의해 거의 결정된다. 검출 한계는 신호 대 잡음비 S/N = 3에서 신호 높이로 정의되며, 음이온에 있어서는 20~200 ppb 그리고 양이온에서는 1~10 ppb 값을 갖게 된다.

5 평가 및 보정

1) 피크 면적 계산

크로마토그램은 전도도 검출기를 이용해서 기록하기 때문에 한 물질의 피크 면적은 물질의 양과 직접 비례한다. 피크 면적을 결정하기 위해서, 오늘날의 적분기는 피크의 완만함, 피크 기록 및 baseline drift에 대한 특별한 연산 방식을 도입해서 거의 예외 없이 사용되고 있다.

제공된 피크의 시작과 끝을 정확하게 확인할 수 있으며 높은 농도에서 중간 농도까지는 매우 좋은 결과를 제공한다. 피크 면적 결정은 특히 용량 인자 K'가 변한 경우(메트릭스 효과 때문)에 적용할 수 있다. 그러나 면적 계산은 피크의 중첩이 확대되었을 때나 심각한 꼬리끌기가 나타나는 피크 및 현저한 검출기의 잡음이 발생할 경우 문제될 수 있다.

2) 피크 높이 계산

피크의 모양이 일정했을 때, 피크 높이(baseline 및 최대 피크간의 거리)는 피크 면적과 비례하여 정량화되므로 크로마토그램을 평가하는 데 이용되고 있다. 피크 높이 결정은 수동으로 쉽게 수행할 수 있으며, 기록계만을 이용하였을 경우 선택할 수 있는 방법이다. 피크 높이로 응용할 수 있는 조건은 K'값이 일정해야 한다. 직선성 문제로 시료가 중간 농도에서 낮은 농도일 때까지 적당하다. 직선 범위는 빠르게 용리되는 성분보다 후에 용리되는 성분에 있어서 보다 넓다. 지나치게 피크가 중첩되거나 바탕이 심하게 흔들리는 경우 피크 면적으로 계산하는 것보다 피크 높이로 계산하는 것이 더 유리하다.

3) 외부 표준물로의 보정

동일 물질의 시료를 가지고 미지의 시료에서 신호량(피크 면적 및 피크 높이)을 직접 비교하는 것이 이온 크로마토그래피의 보정에 가장 많이 사용하는 방법이지만 이것은 일정한 조건하에서 일정하게 부피를 주입시켜야 된다. 분석하려고 하는 물질은 시료와 거의 같은 농도의 표준 물질로 주입시켜야 한다. 이것은 다른 농도로도 여러 번 반복해서 보정할 수 있다(한 점, 두 점, 여러 점 보정). 한 점 보정에서, 시료의 농도는 다음과 같이 보정할 수 있다.

$$c_S = S_S \times \frac{c_{st}}{S_{st}}$$

c_S : 분석 시료에서의 농도
c_{st} : 표준 용액에서의 농도
S_s : 시료의 신호
S_{st} : 표준 용액의 신호

두 점 및 여러 점 보정에 있어서 그 물질에 특이한 보정 기능은 먼저 기록해야 되지만, 종종 이 기능은 직선성을 갖는 분석 보조물을 가지고 측정된 점에 의해 얻게 된다.

$$S_{st} = S_0 + m \times c_{st}$$

S_0 : 보정선의 절편
m : 보정선의 기울기

이 경우에, 분석 시료의 농도는 다음 식으로부터 계산된다.

$$c_s = \frac{S_S - S_0}{m}$$

찾고자 하는 시료의 신호량은 보정선이 찾으려는 농도 범위 내에서만 측정 가능하므로 최저 표준 물질 및 최고 표준 물질을 주입했을 때의 신호량 사이에서 존재해야만 한다.

4) 내부 표준 물질로의 보정

시료의 예비 처리 오차(주입 오차 등)를 일으킬 수 있거나, 재현성 산출을 위해서 외부 표준물과 시료 양쪽에 또 다른 표준 물질을 첨가해서 분석결과를 보정할 수 있다. 이런 성분을 소위 내부 표준물이라고 명명하고, 가능한 분석하고자 하는 물질 근처에서 측정되고 분석하려는 물질과 완전히 분리되어야 하며, 유사한 농도, 측정감도 그리고 유사한 화학 구조를 가져야 한다. 내부 표준물과 분석물의 감도는 일반적으로 동일하지 않기 때문에, 보정계수 F_x를 초순수한 보정 용액으로 먼저 구해야 한다. 여기서 분석물과 내부 표준물의 용액 농도로 크로마토그램을 얻을 수 있으며, F_x는 측정되는 신호(signal) 높이 Sis와 Sx로부터 얻게 된다.

$$F_x = \frac{Sis \times Cx}{Sx \times Cis}$$

보정 계수 F_x가 분석물과 시료의 농도 C_s의 농도 범위에서 상수라고 가정하면 내부 표준물을 첨가할 수 있으며, 다음과 같이 계산할 수 있다.

$$Cs = \frac{Ss}{Sis} \times Cis \times Fx$$

5) 표준물 첨가로의 보정

메트릭스 문제가 일어날 때, 표준물 첨가 방법이 일차적으로 IC에서 이용된다. 시료 용액에는 분석하고자 하는 물질을 기지의 양만큼 첨가시킨다. 크로마토그래피의 조건은 동일해야만 한다. 표준물은 한두 번 또는 여러 번 첨가할 수 있다. 한 번의 표준물 첨가 방법으로 가장 간편하게 하는 경우에, 미지의 시료 농도 C_s는 기지의 물질, 첨가된 농도차 ΔC와 측정하여 증가된 신호 ΔS로 계산할 수 있다.

$$Cs = Ss \times \frac{\Delta C}{\Delta S}$$

여러 번 표준물을 첨가시키는 방법에서, 시료 농도는 직선상에서 계산할 수 있다. 표준물 첨가 방법의 장점은 시료에서의 보정이 실제적인 방해 물질(matrix) 조건하에서 수행되므로 그 자체의 신빙성이 좀 더 크다는 것이고, 또한 비직선성 표준물 첨가나 피크 높이가 이동하는 문제점 등을 빠르게 확인할 수 있다는 것이다. 오랜 기간 동안 사용하면 온도나 압력 등이 변화할 수 있으나 계속적인 새로운 보정으로 처리하게 되면 측정 결과에는 아무런 영향을 미치지 않는다. 그러나 반드시 분석시마다 매 시료에 대해 보정해야 되고, 외부 표준물 방법과 같이 꼭 주기적으로 실시해야 되는 것은 아니다.

4-5 크기별 배제 크로마토그래피(Size exclusion chromatography)

1 고분자 이론

고분자(polymer, macromolecule)는 단량체(monomer)를 기본 단위로하여 반복적인 결합을 갖는 분자를 의미하며, 그 분자량이 매우 크기 때문에 거대분자라는 의미로 Macromolecule 또는 많은 mer를 가지고 있다고 해서 polymer라 부르기도 한다. 고분자는 크게 열가소성 고분자(thermoplastics)와 열경화성 고분자(thermosets)로 분류하며, GPC는 그 분자 형태에 따라 응용 방법이 다르다. 열가소성 고분자의 경우는 긴 사슬형의 구조를 가지는데, 온도가 높거나 적정 용매를 사용하면 분자간의 사슬 구조가 풀어져 유동성을 띠며, 용매에 용해된다. 이러한 고분자는 그 자체를 GPC를 이용하여 분석이 가능하다. 열경화성 고분자는 삼차원적인 가교(cross linking) 반응을 하므로 열에 의한 유동성을 띠지 않으며, 용매에 의해 용해되지 않는다.

이러한 고분자는 가교전의 물질(pre-polymer)을 분석해야 하며, 그 결과로 최종 제품의 물성을 예측한다. 예를 들어, Cross-linking density의 예측 경화 시간 등의 processing time에 대한 예측 등은 유용한 정보가 된다. 다음은 주로 Thermoplastic polymer를 위주로 한 기술이다. 분자량 분포도(molecular weight distribution) 변화와 고분자의 첨가제는 고분자 가공과 최종 물성에 크게 영향을 미친다.

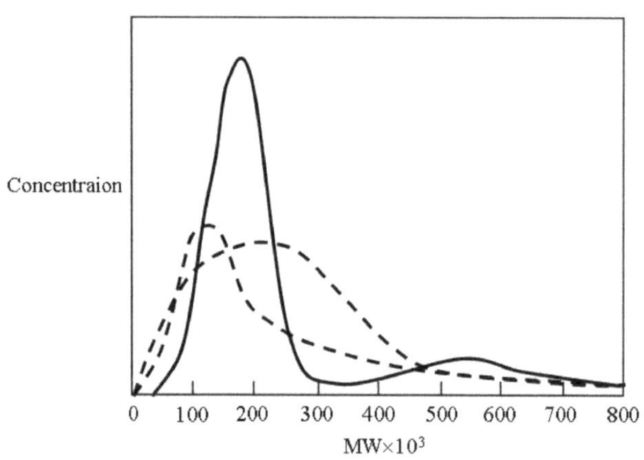

그림 4-37
Polymers with the same molecular weight averages.

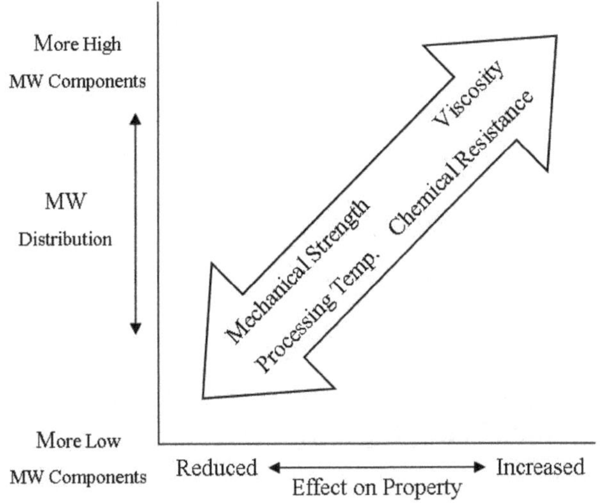

그림 4-38
Effects of MW distribution(MWD) on typical polymer properties.

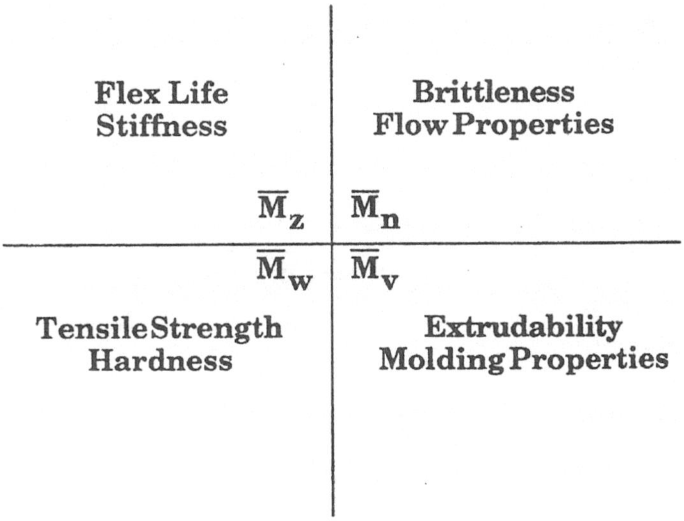

Flex Life
Stiffness

Brittleness
Flow Properties

$\overline{M}_z$ $\overline{M}_n$

$\overline{M}_w$ $\overline{M}_v$

Tensile Strength
Hardness

Extrudability
Molding Properties

그림 4-39
Processing characteristics and molecular weight averages(MWA).

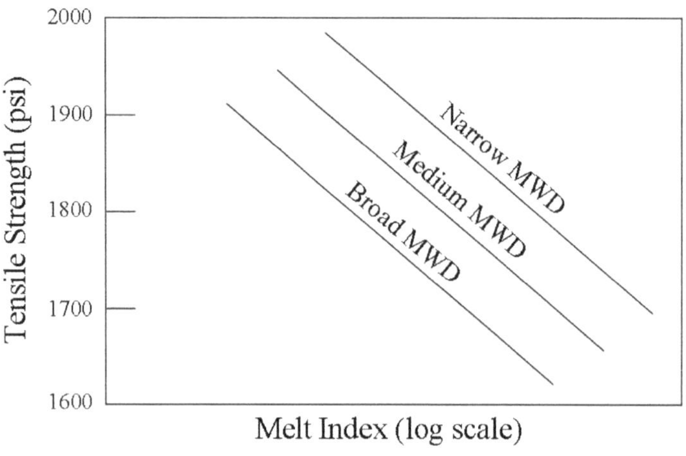

그림 4-40
MWD relationship to physical properties tensile strength vs melt index.

표 4-4 Relations between properties, MW and MWD.

Property	Increasing MW	Narrowing MWD
Tensile Strength	+	+
Elongation	+	-
Hardness	+	-
Softening Temperature	+	+
Resistance to Swelling	+	
Adhesion	-	-
Chemical Resistance	+	+
Modulus of Elasticity	+	
Impact Strength	+	
Yield Strength	+	-
Toughness	+	+
Brittleness	+	-
Abrasion Resistance	+	+
Melt Viscosity	+	+
Solubility	-	0

MW: molecular weight. MWD: Molecular Weight. Distribution A plus sign(+) means that the property under consideration increases: a minus(−) means that it decreases: and "0" means that it changes little.

고분자는 저분자와 같은 단일 분자량을 갖지 않으며, 분자량 분포를 갖기 때문에 평균 분자량을 사용하며, 다음과 같이 정의된다.

$$\text{일반적인 정의: } \frac{\sum NiMi^{x}}{\sum NiMi^{x-1}}$$

표 4-5 다양한 평균 분자량 표시 방법

분자량 名	×	측정하는 방법
수평균 분자량($\overline{M_n}$)	1	Osmometry, End group analysis
중량 평균 분자량($\overline{M_w}$)	2	Light scattering
Z 평균 분자량($\overline{M_z}$)	3	Ultracentrifugation
Z+1 평균 분자량($\overline{M_{z+1}}$)	4	Ultracentrifugation
점도 평균 분자량($\overline{M_v}$)		Viscometry

$$\text{분자량 분포도(D)} = \frac{\overline{M_w}}{\overline{M_n}}$$

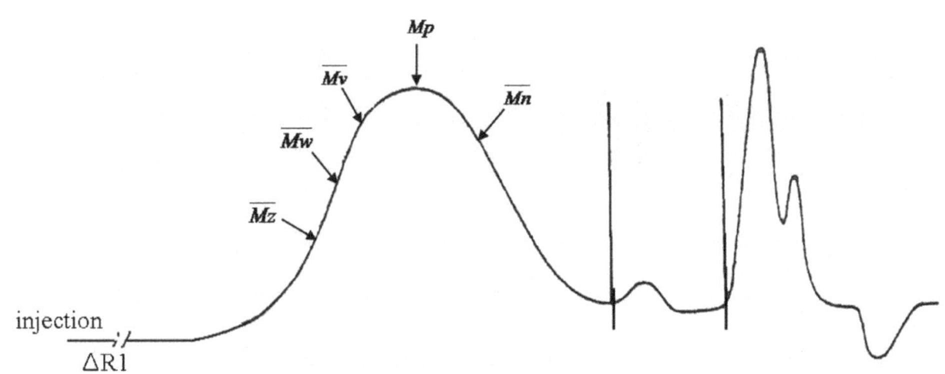

$$\overline{M_n} < \overline{M_v} < \overline{M_w} < \overline{M_z} < \overline{M_{z+1}}$$

그림 4-41
각 평균 분자량의 위치.

표 4-6 Molecular weight(MW) formulas의 예.

Col. 1	Col. 2	Col. 3	Col. 4	Col. 5	Col. 6
Ni	Mi	Ni*Mi	Ni*Mi^2	Ni*Mi^3	Ni*Mi^4
#Mol.	Mol. Wt.	Col. 1*2	Col. 1*2^2	Col. 1*2^3	Col. 1*2^4
1	90	90	8,100	729,000	65,610,000
2	80	160	12,800	1,024,000	81,920,000
3	70	210	14,700	1,029,000	72,030,000
4	60	240	14,400	864,000	51,840,000
5	50	250	12,500	625,000	31,250,000
4	40	160	6,400	256,000	10,240,000
3	30	90	2,700	81,000	2,430,000
2	20	40	800	16,000	320,000
1	10	10	100	1,000	10,000
SUM 25		1,250	72,500	4,625,000	315,650,000

$$\overline{M}_n = \frac{\sum Col.3}{\sum Col.1} = \frac{1250}{25} = 50 \qquad \overline{M}_v = \left[\frac{\sum Col.1 * Col.2^{1+\alpha}}{\sum Col.3} \right]^{1/\alpha}$$

$$\overline{M}_W = \frac{\sum Col.4}{\sum Col.3} = \frac{72{,}500}{1{,}250} = 58 \qquad \overline{M}_z = \frac{\sum Col.5}{\sum Col.4}$$

$$\overline{M}_{z+1} = \frac{\sum Col.6}{\sum Col.5}$$

Plastic Processing의 목표는

① Produce high quality product to specification
- Physical
- Cheminical

② Make product at a profit
- Mininize at a profit

③ Control of resin quality(lot-to-lot)
- allows better control of process

따라서 고분자 산업에서 GPC 분석은 매우 중요한 의미를 갖는다.

1) 젤 침투 크로마토그래피(Gel permeation chromatography) 이론

젤 침투 크로마토그래피(gel permeation chromatography, GPC)는 유기 용매를 이동상으로 이용하는 배제 크로마토그래피(size exclusion chromatography, SEC)의 약칭이라 할 수 있다. GPC는 비수계 젤 침투 크로마토그래피(non-aqueous gel permeation chromatography)라고도 하며, 젤 여과 크로마토그래피(gel filteration chromatography, GFC)와 구별된다. 이 둘을 총칭해서 크기별 배제 크로마토그래피(size exclusion chromatography, SEC) 혹은 분자체 크로마토그래피라고 부르기도 한다. 또한 도난 배제 크로마토그래피(Donnan exclusion chromatography)와 구별하는 의미에서 입체 배제 크로마토그래피(steric exclusion chromatography, SEC)라고도 한다. IUPAC에서는 배제 효과만으로 분리하는 경우는 전체(젤) 침투 크로마토그래피라고 부르도록 권장하고 있다. 또한, GPC는 고분자의 물성을 이해하고 예측하기 위해서 사용하는 방법이다. GPC 방법으로 분자량 분포도 및 상대 평균 분자량을 얻을 수 있는데, 이는 고분자의 물성을 이해하는 데 중요한 자료이다. 1960년대 초 Dow chemical사의 J. C. Moore에 의해 개발된 GPC 기술은 Waters사에 의해 HPLC 기술로 발전되어 오늘날과 같은 모습을 갖추게 되었다. 또한 미지의 시료나 첨가제 등은 GPC 방법으로 분자의 크기에 따라 분리되고, 분리된 시료를 분취하여 GC, LC, IR 등의 분석기기로 자세한 실험을 할 수 있다.

GPC Prep은 LC, GC와는 달리 크기에 의해 분리하므로 복잡한 성질을 갖는 시료 분리에 편리하게 이용할 수 있다. GPC의 분리 원리는 분자량의 크기, 정확히 표현해서 hydrodynamic volume에 근거한다. 다른 크로마토그래피의 분리 방법은 시료 성분과 출전 물질과의 상호작용을 이용하는 화학적인 분리 방법인데, GPC는 출전 물질의 물리적 특성(pore)과 분리하고자 하는 분자의 영역(dimension) 관계에 의존하는 방법이다. 분리관의 충전 물질은 구멍(pore)을 가지고 있으며, 일정 부피(dimension)를 갖는 시료 분자가 주입되어 통과하면서 크기가 큰 분자는 빨리 통과되고 크기가 작은 분자는 더 긴 경로를 갖게 되어 더 나중에 용출된다. 즉, 주입된 시료는 분리관내 이동상과 충전물 사이에서 이동의 경로 차에 따라 분리된다. 개략적으로 표현하면 그림 4-42와 같다.

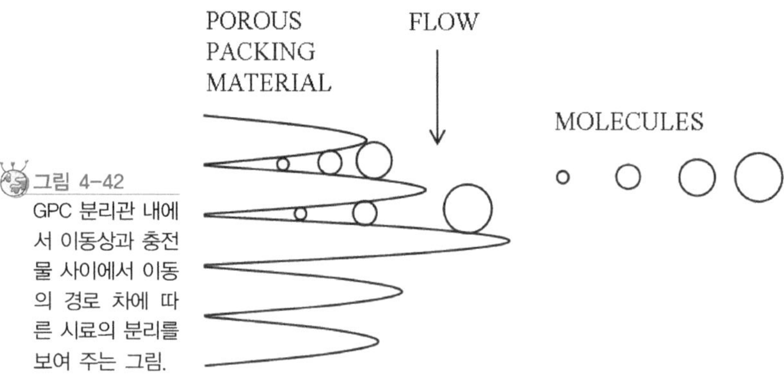

그림 4-42
GPC 분리관 내에서 이동상과 충전물 사이에서 이동의 경로 차에 따른 시료의 분리를 보여 주는 그림.

충전물은 자체가 폴리머(polymer)로 이루어져 있으며, PS-DVB의 공중합체(copolymer)가 대표적이다. 분석을 원하는 시료의 분자량에 따라 적정 기공 크기를 갖는 column set를 선택해서 사용한다. 일반적으로 기공 크기 내 시료의 분자량이 2배 이상 차이가 나면 피크를 확인할 수 있고(주로 첨가제), 2.0배 미만이면 분자량 분포를 보여 준다.

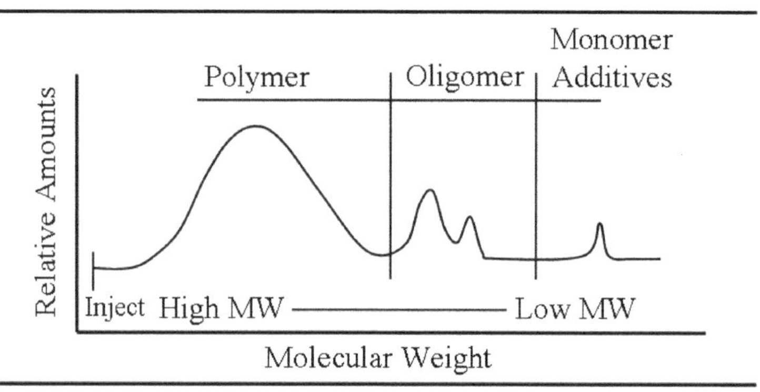

그림 4-43
Idealized GPC 크로마토그램.

2 GPC Calibration

1) GPC calibration이란?

GPC 분석을 통해 우리가 얻는 것은 하나의 곡선이다. 이를 해석하기 위해서는 HPLC의 일반 분석에서 표준 물질이 필요하듯, 그 방법상의 차이는 있지만 어떤 지표가 필요하다. 바로 이 지표를 만들기 위해 검정(혹은 보정)을 실시하며, 여기서 얻는 검정 곡선(calibration curve)이 바로 그 지표가 된다. 이 지표를 만들기 위해서는 여러 가지 방법이 사용된다.

2) GPC 보정 방법

- Narrow standard 법
- Q–factor
- Broad standard 법
- Universal calibration(Mark–Houwink equation 사용)
- Universal calibration(viscometry 사용)

① Narrow standard법

분자량 분포가 작고 이미 분자량(MW)를 알고 있는 standard의 combination을 주입하여 머무름 시간 대 분자량을 도시한다. Narrow standard curve에서는 linear(1st order), cubic(3rd order) third order와 bounded calibration 방법 중 cubic(3rd order)를 가장 많이 사용하며, standard error 범위는 5%를 넘지 않도록 한다.

② Calibration Parameters for GPC Method.

Molecular Weight(MW)	Retention Time(RT)
3800000	18.73 min
2300000	19.32 min
1500000	19.84 min
340000	21.63 min
240000	22.13 min
95000	23.39 min
50000	24.18 min
35000	24.78 min
19750	25.62 min
8500	26.87 min
3600	28.02 min
1800	28.90 min
Coefficients	
1	24.512645336
2	–1.783659515
3	0.058628475
4	–7.733721295e–04
Correlation Coefficient : 0.999933167	
Standard Error : 0.014843660	

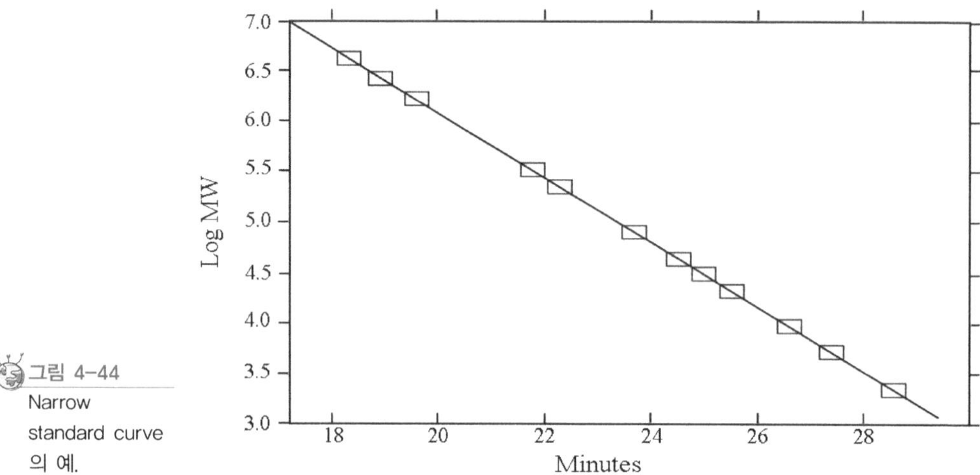

그림 4-44 Narrow standard curve 의 예.

이 방법은 가장 쉽게 많이 쓰이지만, 많은 제한성이 있어 다음의 calibration 방법들이 오차의 극복을 위해 쓰이고 있다.

③ Q-factor

Narrow standard calibration 방법에 사용되는 standard와 분석 sample이 polyolefin 계인 경우 기본 unit 당의 분자량을 적용하는 방법이다. 이 방법은 Q-factor의 제한점과 기울기가 다른 고분자에는 사용할 수 없는 단점이 있다. Q-factor가 알려진 고분자는 그다지 많지 않다. 여기서, Q-factor는 1Å당 분자량을 말한다.

④ Broad standard calibration

MWD가 크고 Mn 및 MW을 알고 있는 standard를 사용해서 processing하는 방법이다. 이때 사용하는 표준물은 시료와 비슷한 가능하다면 같은 구조를 가지며, 분자량 영역 및 MWD도 비슷해야 한다. 따라서 이 방법의 가장 큰 문제점은 Broad standard를 구하기 어렵다는 것이다.

⑤ Universal calibration

Mark Houwink Constant을 사용하고, Hydrodynamic volume(Cal) = Hydrodynamic volume(unknown)에서 출발한다. 이 방법의 문제점은 k, α값이 정확도에 큰 영향을 미치지만, k, α값이 알려진 물질이 그렇게 많지 않다는 점이다. 또한 여기서 필요한 M

은 Mv인데, calibration시 사용하는 M은 Mp인 점도 하나의 오차이기도 하다. 그래서 이 방법은 Quasi universal calibration이라고 하기도 한다.

⑥ Universal calibration(Viscometry 사용)

$$\text{Hydrodynamic volumn} = \eta \cdot [Mv]$$
$$\eta \cdot [Mv] = \text{Intrinsic viscosity} \times \text{Molecular weight}$$

여기서, η·[Mv]은 주어진 온도에서 모든 random coil polymer에 대해 일치하므로 특별한 standard를 필요로 하지 않는다.

3 기기 구성

GPC의 기기 구성은 기본적으로 일반 HPLC와 크게 다른 점은 없다. 다만 분리관 검출기 그리고 운용 프로그램이 다르다. 분석 목적에 따라 일반 HPLC, 즉 상온 GPC와 고온 GPC 그리고 150CV GPC로 구분해서 사용한다.

1) 구성

〈GPC 및 고온 GPC〉

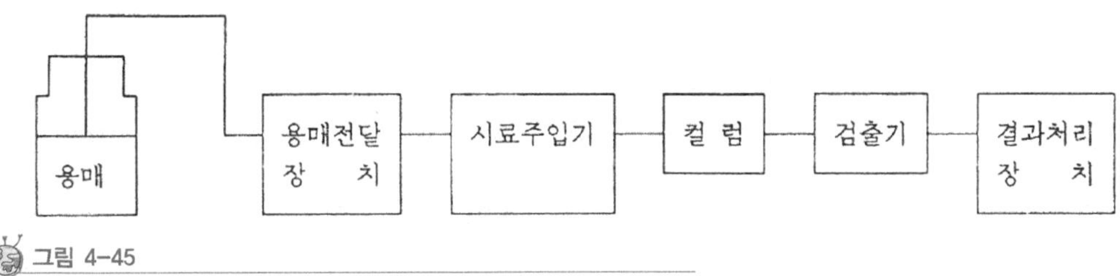

그림 4-45
GPC의 기기 구성도를 보여 주는 계략도.

단, 고온 GPC는 부분별 온도 조절이 가능하다.

〈150CV GPC〉

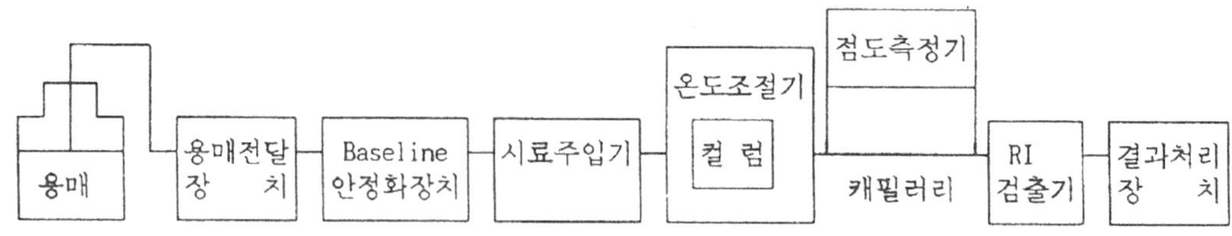

그림 4-46
고온 GPC의 기기 구성도를 보여 주는 계략도.

① 용매

- 이동상은 HPLC 등급을 기준으로 하며 여과해서 사용한다.
- 점도가 높은 용매는 온도를 높여 사용하며 용매별 온도를 참고한다(주의 bp 확인).
- 극성 용매를 사용할 경우에는 마이셀 형성을 방지하기 위해 첨가제의 사용이 필요하다(예: DMF 사용시 0.05M LiBr)

〈참고〉 용매별 분석 온도

- THF - 40℃
- Toluene - 75℃
- DMF - 85℃
- TCB - 135℃

② 펌프

- 유속의 정확성, 유속의 재현성, 고분자 점도와 무관한 재현성이 요구된다.
- 고온 분석시에는 55℃까지 승온이 가능해야 한다.

③ 시료 주입기

- Rheodyne, U6K, Autoinjector type이 있다.
- Sample과 standard의 주입량이 같아야 한다.

④ 검출기(Detector)

ⓐ RI

- Mw 1000 이상(Mw 기준) 일정한 감도
- 농도에 비례하므로 일반적인 GPC 실험에 주로 이용된다.
- Modified universal calibration을 이용한다.

ⓑ 점도계(Viscometer)

- 고분자에 높은 감도를 갖는다.
- Universal calibration이 가능하므로 절대 평균 분자량을 구할 수 있다.

ⓒ UV/VIS

- UV/VIS chromophore를 추적한다.
- 첨가제 분석(PDA)
- 공중합체 조성에 대한 정보

⑤ 데이터 처리 장치

- Integrator와 Computer system이 있다.

그림 4-47 상용 GPC 기기의 한 예.

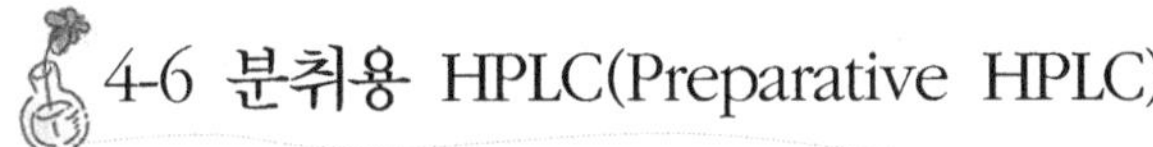

4-6 분취용 HPLC(Preparative HPLC)

1 분취용 HPLC 시스템

시료 중에 포함된 복합 성분을 크로마토그래피법으로 각각의 단일 성분으로 분리시킨 후 순수하게 분취하는 장치로서 높은 순도의 물질을 최대 수율로 단번에 다량으로 얻는 것이 분취용 HPLC의 목적이라고 할 수 있다.

1) 분취용 HPLC 시스템의 역사

- 1967년 Huber – HPLC system 개발

- 1974년 소량 분취 기법 개발(recycling)
- 1976년 대량 분취 기법 개발(recycling)
- 1979년 자동 대량 분취 기법 개발(recycling system)
- 1984년 소량 혹은 대량 분취 기법 개발(scale-up, recycling system)
- 1990년 대량 분취(kg) 기법 개발(recycling system)

2) 시료 분취의 목적

- 구조 동정
- 표준품
- 제품 생산

3) 분취 및 정제 기법

- Precipitation
- Extraction
- Re-crystallization
- Thin layer chromatography
- Open column chromatography
- Flash chromatography
- Preparative HPLC

4) 분취용 HPLC SYSTEM의 특징

- 응용 범위가 넓다.
- Scale-up 기법이나 recycling 기법을 이용하여 소량(μg)에서 대량(kg)까지 분취할 수 있다.
- 분리능, 재현성, 회수율이 좋다.
- 분취 시간이 짧고, 자동화가 쉽다.
- 분취된 물질의 순도 확인이 쉽다.

2 분리·정제 후 물질 동정 측정 방법

- IR
- NMR
- MS

• ES

1) 상용 Prep HPLC 기기의 구성 예

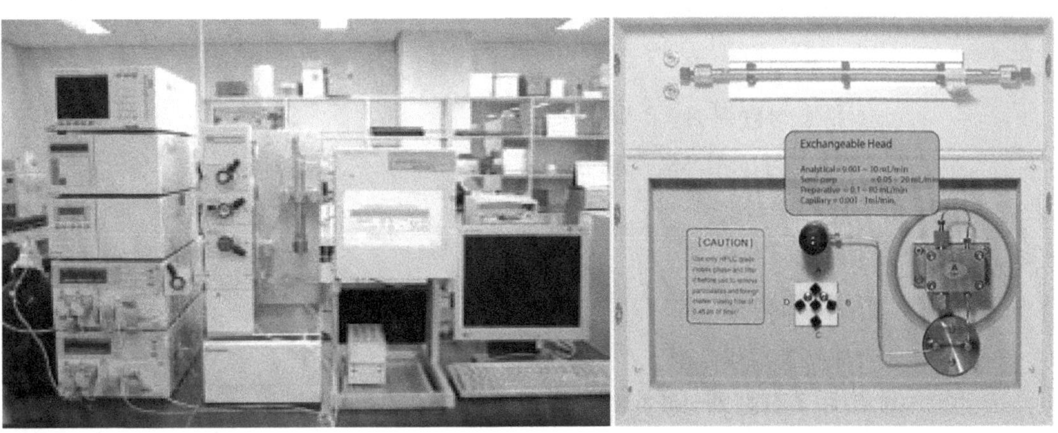

그림 4-48
상용 Prep HPLC 시스템(왼쪽)과 분취용 분리관의 예(오른쪽).

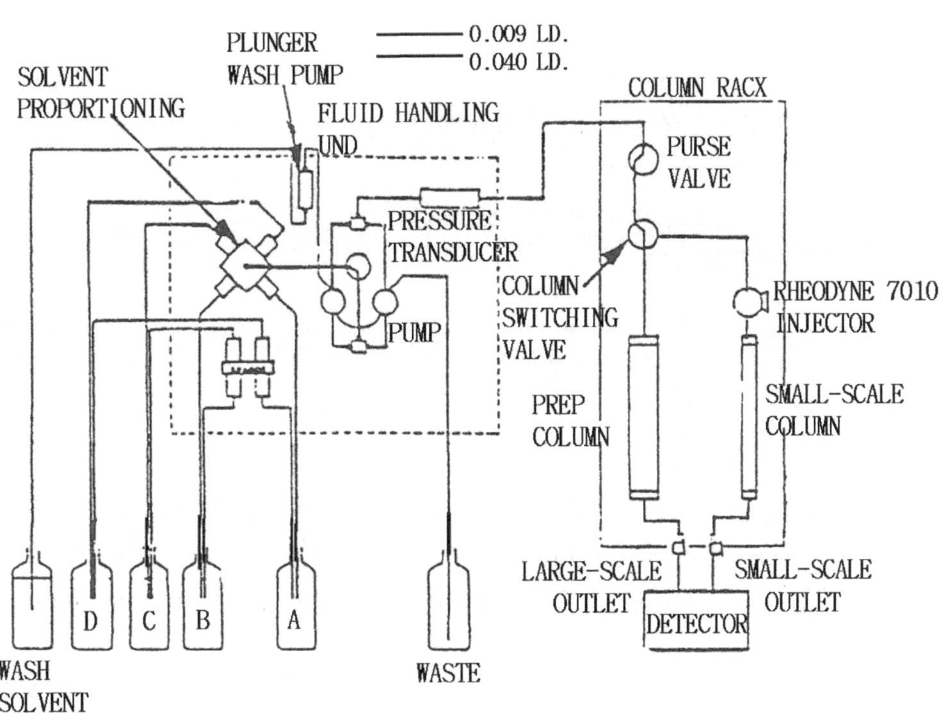

그림 4-49
Waters Delta-Prep 4000 system(Prep HPLC)의 기기 개략도.

3 시료 분취시 고려할 사항

① **분취 대상 물질에 대한 정보를 얻는다.**
- 미량 성분 분취
- 대량 성분 분취
- 유사 성분 분취

② **초기 분석 조건으로 분리한다.**
- 순상 분리법
- 역상 분리법
- 이온 교환법
- 분자체 분리법

③ **분석 조건을 개선하여 재분석 한다.**
- 이동상, Column, 시료 전처리 등을 변화시켜 α, K, N, R_S값의 증가를 시도한다.

④ **개선된 분석 조건을 사용하여 예비 분취를 한다.**

⑤ **예비 분취 조건에 만족하면 대량 분취를 한다.**
- Scale-up 법
- Recycling 법

⑥ **분취된 물질의 순도를 확인한다.**
- 분석용 HPLC

⑦ **분취물 수거 후 용매를 제거한다.**

⑧ **분취물 사용**

4 분취용 HPLC에 영향을 미치는 인자들

1) 시료의 양

시료의 양이 극히 적은 경우에는 일반적으로 머무름 부피(V_R)나 용리 인자(K), 이론단수(N), 분리능(R_S) 등에 변화가 거의 없고 피크(peak)의 높이에만 영향을 준다. 그러나 시료의 양이 증가하게 되면 전체적으로 영향을 주게 되어 피크는 비대칭 또는 꼬리끌기(tailing peak) 등의 현상이 나타난다.

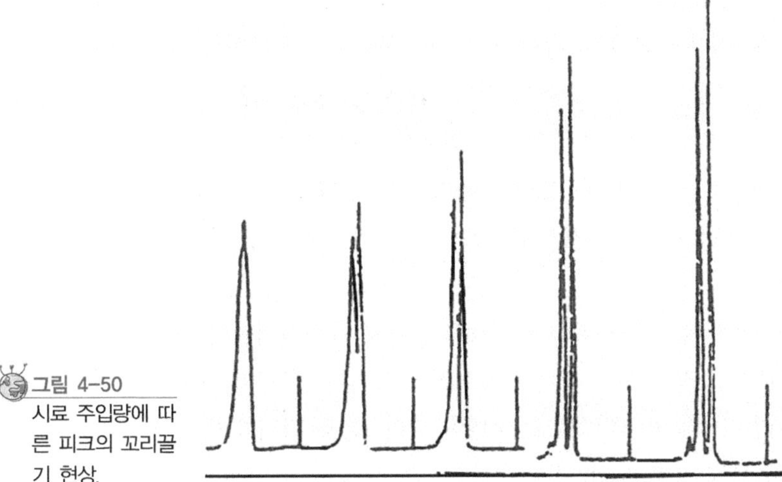

그림 4-50
시료 주입량에 따른 피크의 꼬리끌기 현상.

따라서 분석용 분리관(10 μm, 3.9 × 300 mm)을 사용하여 많은 시료를 주입하거나 농도가 짙은 시료를 주입하게 되면 위와 같은 현상이 일어나게 된다.

2) 시료의 농도

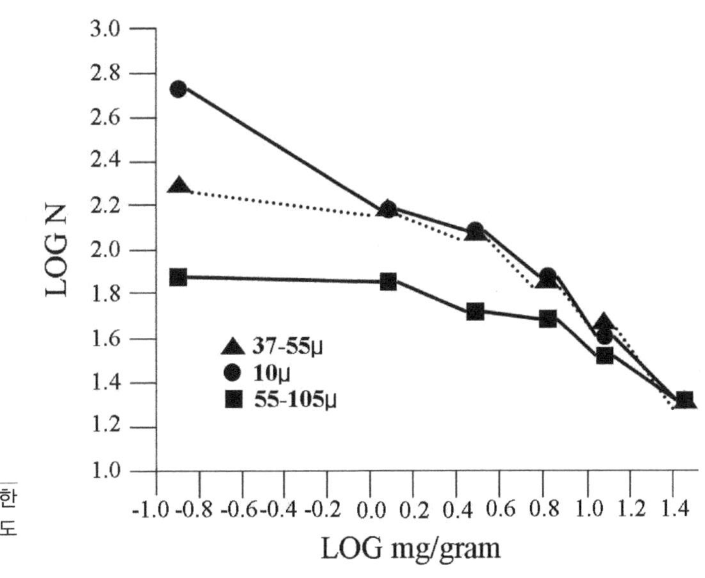

그림 4-51
이론 단수에 대한 주입 시료의 농도의 영향.

크로마토그래피의 특성상 주입 시료의 양(loading volume)이 많아지면 피크의 폭이 넓어지고, 먼저 용리되는 피크가 나중에 용리되는 피크보다 더 넓어지게 된다. 또한 주입 시료의 농도가 증가하게 되면 피크의 폭이 넓게 되지만 특히 뒤에 용리되는 피크의 폭이 더 넓어지는 경향을 보인다. 그리고 모든 피크의 머무름 시간이 감소하게 된다. 이런 특성으로 미루어 볼 때 분취용 HPLC에서는 시료의 주입량보다는 주입 시료의 농도를 높여 주입하는 것이 α값을 유지시키는 데 중요한 요인이 될 수 있다. 따라서 분취용 분리관에 많은 시료를 주입하기 위해서는 분리관의 고정상 입자가 크거나 또는 분리관의 용적이 커야 된다. 그러나 분리관의 입자가 크게 되면 시료 주입량은 많아지지만 이론 단수(N)가 떨어지게 되므로 분리능이 나빠지게 되고 완벽한 분리·분취가 어려워진다.

위에서 제시된 바와 같이 분리관의 분리능을 그대로 유지시키면서 시료 주입량을 많게 하려면 분리관의 고정상 입자 크기가 작으면서 용적이 큰 것이 바람직하다. 이상의 조건을 만족시키면서 가격이 저렴하고, 수명이 길며, 응용 범위가 다양한 분취용 분리관을 여러 회사에서 공급하고 있다.

3) 분리관(Column)의 상태

일반적으로 분석용 HPLC와 분취용 HPLC의 기준은 V_R, K, N, R_S 등에 영향을 끼치는 시료의 양에 의하여 구분되며, 이런 값들이 10% 이상의 변화를 가져올 때 분취용 HPLC 범주에 속한다고 하며, 여기서 10%가 되는 지점, 즉 흡착제 1 g당 시료 1 mg의 해당 지점을 고정상 또는 분리관의 선형 용량의 한계(stationary phase 혹은 column linear limit)라 부른다.

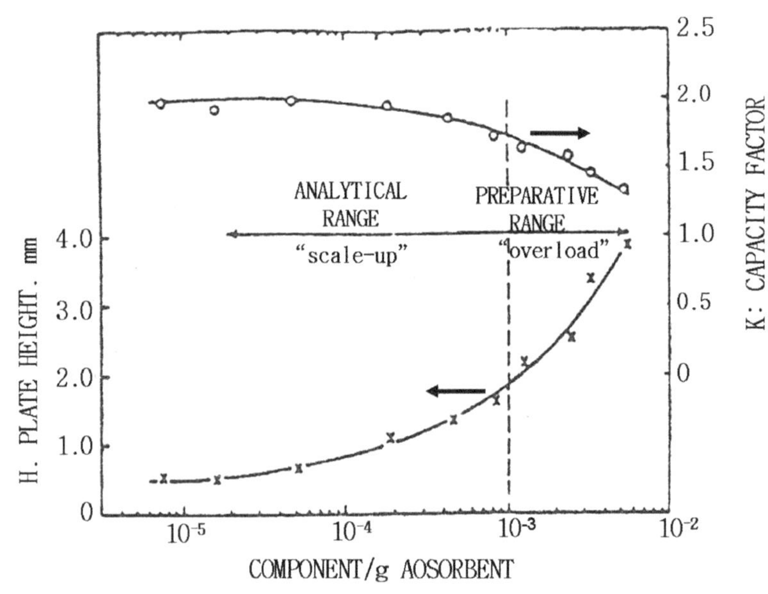

그림 4-52
분리관 충전물, 용량 인자, 이론 단수와의 상관 관계를 보여 주는 그림.

4) 이동상(Mobile phase)

크로마토그래피에 사용되는 이동상은 반드시 HPLC 등급을 사용하도록 되어 있다. 마찬가지로 분취용 HPLC에도 HPLC 등급의 이동상을 사용하는 것을 원칙으로 하고 있다. 이것은 분리능을 좀 더 향상시키고, 분리관을 보호하기 위함이 주된 목적이나 대량 분취의 경우에는 용매 소비량이 많기 때문에 시약급의 용매를 구입하여 2~3차례 증류(distillation)시켜 사용하여도 무방하다. 그러나 소량 분취의 경우는 HPLC 등급의 이동상 사용을 권장한다.

5) 분리관(Column)의 수명 및 가격

분취용 HPLC를 사용하는 데 있어서 가장 중요한 비중을 차지하는 것이 분리관 가격이다. 대량 분취를 위해서는 내경이 큰 분리관이 필요하게 되고, 이 경우 분리관의 가격은 상당히 고가이다. 여러 회사에서 분취용 분리관의 가격을 저렴하게 하면서 효율은 기존의 스테인리스 강철로 만든 분리관보다 훨씬 좋은 radial compression 분리관을 개발하였고, N값을 더욱 높이고 수명을 4배 이상 증가시키기 위하여 segment 분리관 제작 기법을 발표하였다. 이것은 10 mm 길이의 radial compression 분리관을 2~3개 직렬로 연결해 사용할 수 있도록 한 것으로, 본 분리용 분리관을 보호하기 위하여 분리용 분리관을 쉽게 설치할 수 있도록 되어 있다. 본 분리용 분리관이 오염되는 경우 앞부분의 10 mm 분리관만 교체하게 되면 원래의 분리 상태를 그대로 유지시켜 주므로 분취용 HPLC에서는 필수적인 분리관이다.

6) 유속량(Flow rate)

일반적으로 크로마토그래피 조건에서 유속은 분리능에 거의 영향을 못 미치게 된다. 그러나 분석 조건에서 분취 조건으로 전환시켜 짧은 시간에 많은 시료를 분취하려면 높은 유속의 시스템이 필수적이게 된다.

7) 용매 기울기(Gradient) 가능 여부

분취하고자 하는 성분 이외에 복잡한 다른 성분이 포함된 경우는 단순한 Isocratic 분석 조건에서는 원하는 성분에 방해되는 성분을 분리시키기가 매우 어렵게 된다. 이 경우 예전에는 순환(recycling) 방법을 이용하여 분리시키려는 시도를 많이 해왔으나 물리화학적 특성이 매우 유사하기 때문에 좋은 결과를 얻을 수 없었고, 시간도 많이 소요되었다. 이 경우 용매 기울기 분석 방법을 적용하게 되면 짧은 시간에 원하는 분리능을 얻을 수 있기 때문에 분취용 HPLC 시스템에서는 용매 기울기 분석 모드가 필수적이다.

8) 사용상의 편의 사항

분취용 HPLC는 사용이 간편하고, 쉽고, 빠르게 원하는 성분을 다량 분취하는 것이 중요하다. 분석 기기 시스템이 너무 복잡하거나 기기의 내구성이나 재현성이 문제가 된다면 분취의 목적을 완벽하게 이룰 수 없게 된다.

9) 축적된 경험과 지식

분취용 HPLC를 사용하는 데 있어서 가장 중요한 요인은 크로마토그래피 전반을 이해하고 많은 경험을 갖고 있는 것이 중요한 요인이 된다. 분취의 이론은 간단하지만 실제로 분취 업무를 진행하게 되면 많은 시행착오를 겪게 된다. 이때 경험이나 지식이 부족하다면 많은 시간과 노력에도 불구하고 실패하는 경우가 많게 된다. 이때 실패없이 성공적으로 분취 업무를 마치려면 축적된 경험이 있는 사람의 도움이 필요하게 된다.

5 분취용 HPLC 시스템을 이용한 분취 기법

1) Scale-up(Heart-cut법)

분취하고자 하는 단일 주성분 이외에 적은 성분이 공존할 때 α값을 증가시켜 주성분과 기타 성분을 적절히 분리되도록 한 다음 scale-up 방법으로 overload시켜서 기타 성분과 겹치지 않는 부분만큼 만을 받아내는 기법이다. 분취할 성분이 미량인 경우는 앞에서 설명한 것같이 분취하기는 곤란하다. 이 경우는 먼저 주성분의 피크를 scale-up 되도록 한 다음 주성분을 받아낸 다음 농축시켜 scale-up 방법으로 분취한다.

① 초기 분석 조건

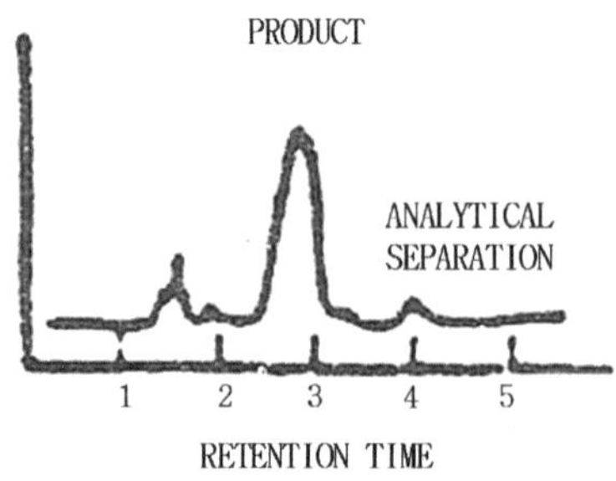

그림 4-53
초기 분석 조건.

② 개선된 분석 조건

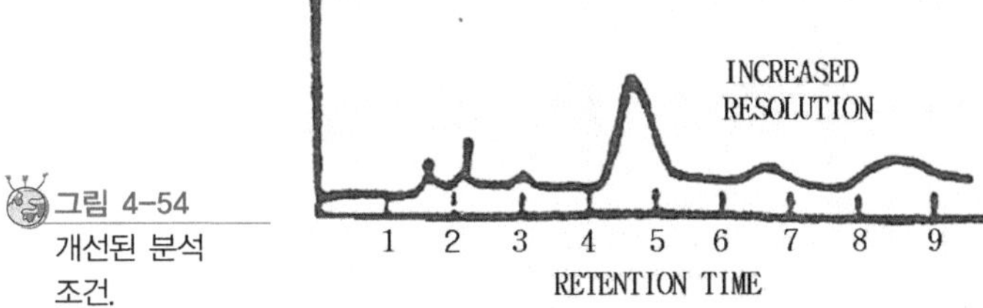

그림 4-54
개선된 분석 조건.

③ Scale-up 방법에 의한 loading limit 확인

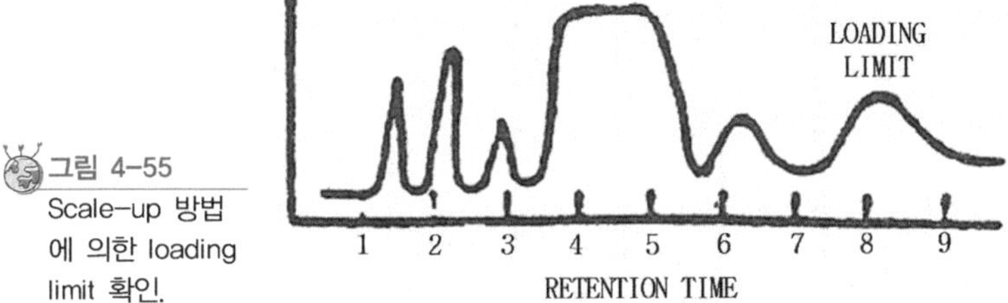

그림 4-55
Scale-up 방법에 의한 loading limit 확인.

④ 많은 양을 주입시킨 다음 Heart cut 방법으로 분취

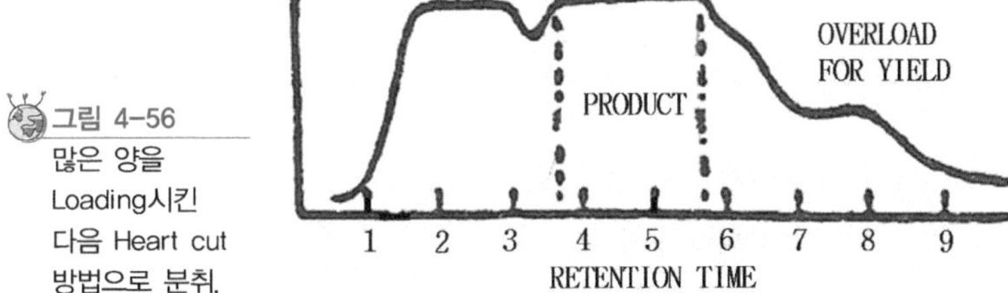

그림 4-56
많은 양을 Loading시킨 다음 Heart cut 방법으로 분취.

2) Shave-Recycle 기법

혼합물을 분리관에서 분리시킨 후 용매와 함께 폐액으로 보내지 않고 다시 칼럼(column)에 연속적으로 순환(recycle)시키는 기법이다. 그러나 순환은 약 6회 이상을 행할 경우에는 시료의 확산에 따른 분취 구간 선정이 곤란해지므로 6회 미만의 경우가 적합하다.

• Shave-recycle 기법을 이용한 분취 예

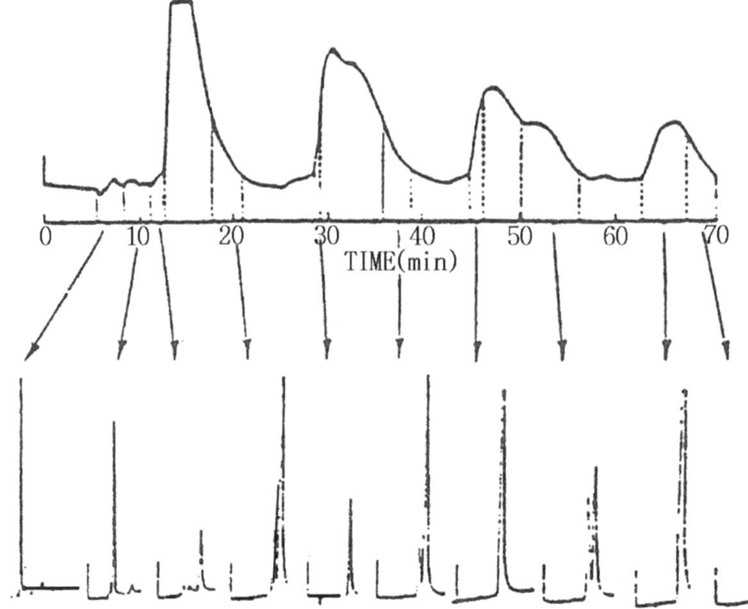

그림 4-57 Shave-recycle 기법을 이용한 분취 예.

6 Scale-up 방법의 특징

1) 장점:

- 초기 분석 조건에서 대량 분취까지 단번에 이룰 수 있다.
- 복잡한 성분의 시료인 경우 Gradient에서 분석 조건을 찾은 후 Column, 유속, 시료 주입량을 증가시켜 완벽한 대량 분취가 가능하다.
- 높은 분리능의 Column을 사용할 수 있다.
- System 오염이 적고, peak 확산 현상이 매우 적다.
- Elution order가 바뀌지 않는다.

2) 단점:

- 용매 소비량이 Recycling 방법보다 다소 많다.

3) Recycling 방법의 특징

① 장점:

- 용매 소비 절감
- 분리능 향상

② 단점:

- System의 dead volume 및 column에 의한 peak 확산
- 복잡한 시료의 경우 Recycling 정도에 따라서 각각 성분의 elution order가 뒤바뀌어져 분리능이 오히려 떨어진다.
- Recycling에 의한 system 각 module 부분의 오염 및 손상으로 인해 연속 작업이 불가능하다.

4) Scale-up equation

범위 확대(Scale-up equation)를 보여 주는 예는 다음과 같다.

Sample Load: Loadlarge. Small

$$= \text{Loadsmall.scale}\ \frac{(Dl\arg e.scale)2 \bullet Ll\arg e.scale}{(Dsmall.scale)2 \bullet Lsmall.scale}$$

Where: D = Internal diameter of column

L = length of column

Flow Rate: Flage.scale

$$= \text{Rsmall.scale}\ \frac{(Dl\arg e.scale)2 \bullet Ll\arg e.scale}{(Dsmall.scale)2 \bullet Lsmall.scale}$$

Where: F = Flow rate(ml/min)

D = Diameter of column(cm)

Gradient: GDlarge.scale

$$= \text{GDsmall.scale}\ \frac{Vl\arg e.scale \bullet Fsmall.scale}{Vsmall.scale \bullet Fl\arg e.scale}$$

Where: V = Volume of column(ml)

GD = Gradient duration(min)

F = Flow rate(ml/min)

$$= \text{Time Anal} \times \frac{Lprep}{Lanal}$$

5) 분취 · 정제 기법의 예

① 개선된 분석 조건

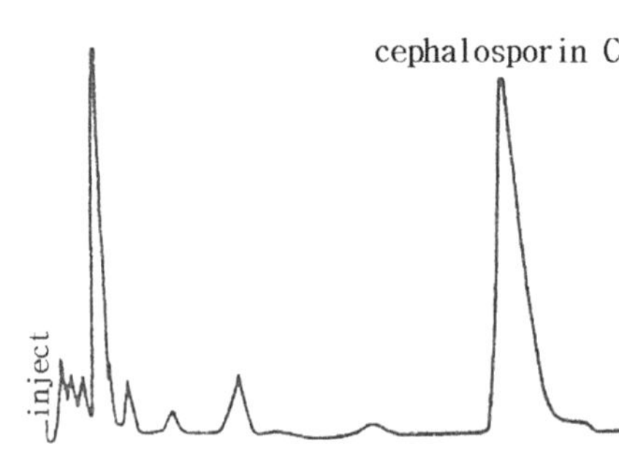

Sample: 10μL fermentation broth

Column: μ-Bondapak C_{18}, Radical-Pak 8 mm × 10 cm

Flow rate: 2 mL/min

Detection: Absorbance, 260 nm

Solvents: 0.02 M Ammonium Acetate(pH 6.0)

: Acetonitrile = 99 : 1, v/v

그림 4-58

분취·정제 기법을 사용하여 개선된 크로마토그램을 보여 주는 예.

② 예비 분취 조건

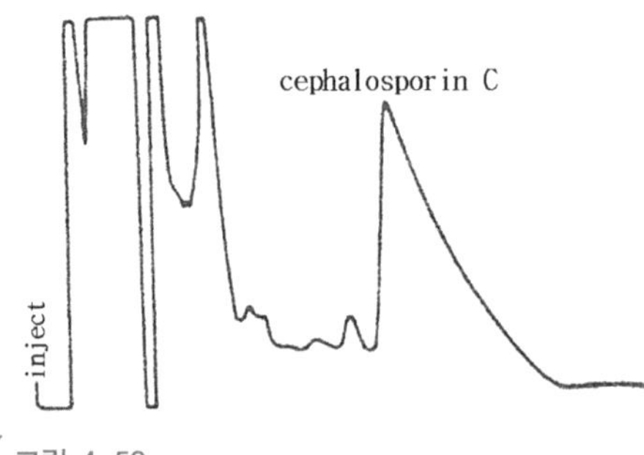

Sample: 0.5 μL fermentation broth

Column: μ-Bondapak C_{18}, Radical-Pak 8 mm × 10 cm

Flow rate: 2 mL/min

Detection: Refractive Index

Solvents: 0.02 M Ammonium Acetate(pH 6.0)

: Acetonitrile = 99 : 1(v/v)

그림 4-59

예비 분취 조건을 사용하여 얻은 크로마토그램 예.

③ 대량 분취 조건

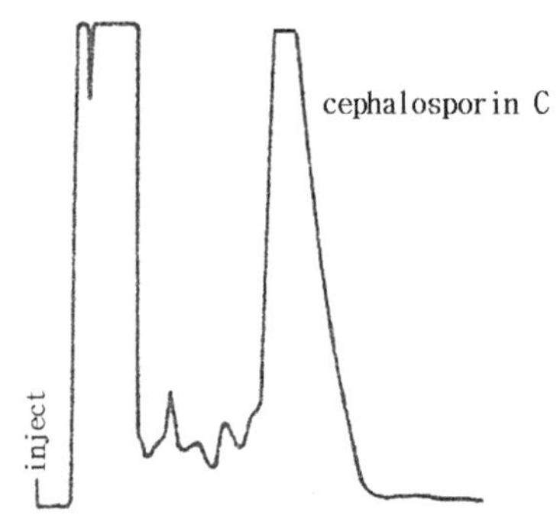

Sample: 4 μL fermentation broth

Column: μ-Bondapak C_{18}, 10 μ,m, 19 mm × 15 cm

Flow rate: 10 mL/min

Detection: Refractive Index

Solvents: 0.02 M Ammonium Acetate(pH 6.0)

: Acetonitrile = 99 : 1(v/v)

그림 4-60

대량 분취 조건을 사용하여 얻은 크로마토그램 예.

④ 분취 후의 순도 확인

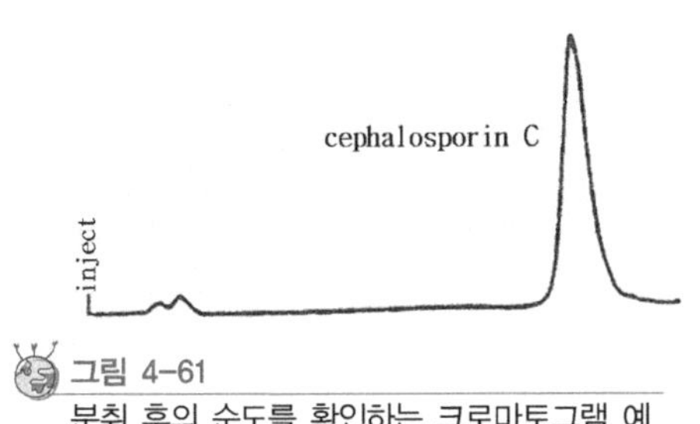

그림 4-61
분취 후의 순도를 확인하는 크로마토그램 예.

Sample: 50 μL fraction, purified cephalosporin from
Column: μ-BondapakC18, Radical-Pak 8 mm × 10 cm
Flow rate: 2 mL/min
Detection: Absorbance, 260 nm
Solvents: 0.02 M Ammonium Acetate(pH 6.0) : Acetonitrile = 99 : 1, v/v

7 응용

1) 식품 분야

① Gamma Linolenic Acid의 분취

• Gamma Linolenic Acid의 중요성

Gamma Linolenic acid는 달맞이꽃에서 추출되는 물질로, 인체에서 생성되지 않는 필수 지방산이다. 식물에서 섭취하여 이용될 수 있으며, 다음과 같은 특징을 갖고 있다. 이것은 건강한 피부를 유지하고 세포막을 형성하며 프로스타글란딘(prostaglandin)을 생성하는 역할을 하는 물질이다.

• 초기 분석 조건 선정

A. H_2O: CH_3CN: THF: CH_3CN의 이동상 조건

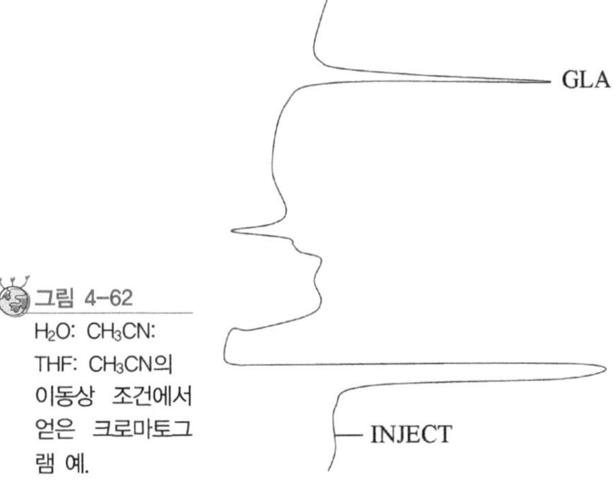

그림 4-62
H_2O: CH_3CN: THF: CH_3CN의 이동상 조건에서 얻은 크로마토그램 예.

B. 85% Acetone의 이동상 조건

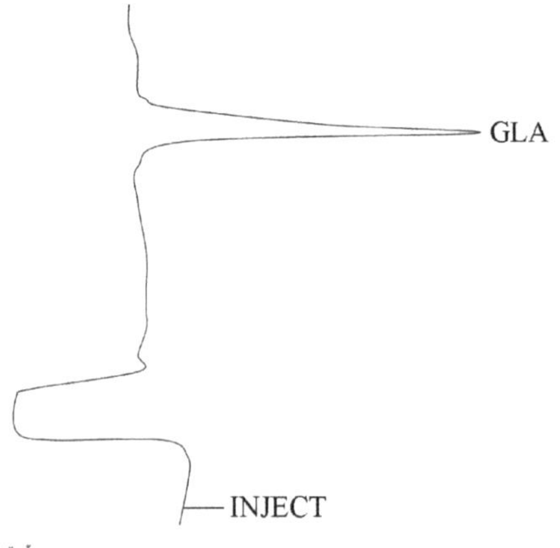

그림 4-63
85% Acetone의 이동상 조건에서 얻은 크로마토그램 예.

• Scale-up에 의한 분취

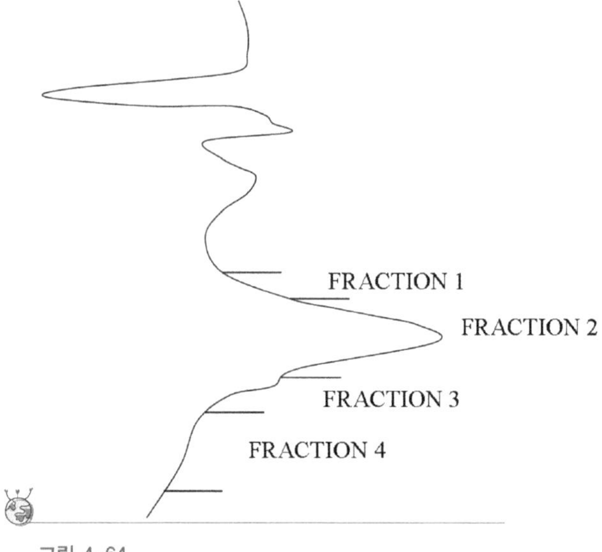

그림 4-64
Scale-up에 의한 분취하여 얻은 크로마토그램 예.

• 분취된 물질의 순도 확인

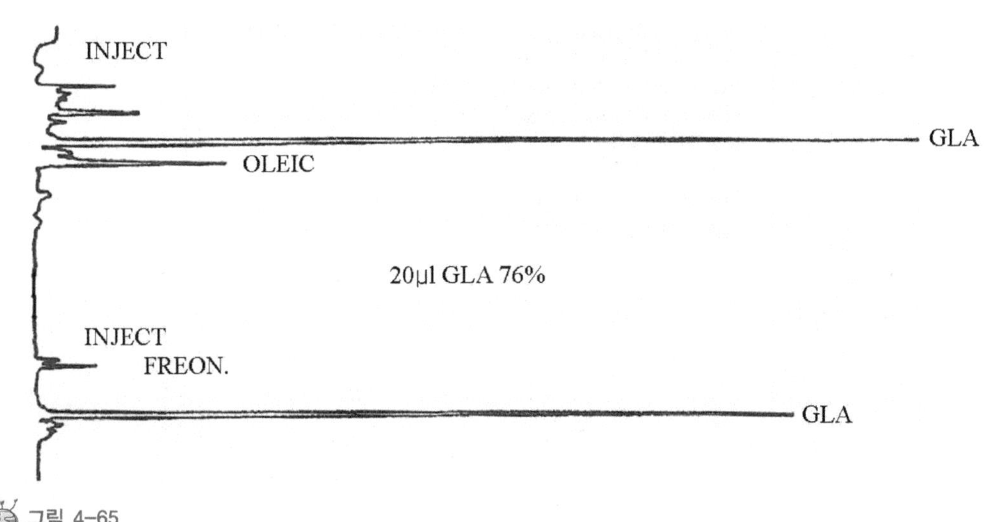

그림 4-65
Scale-up에 의한 분취된 물질의 순도 확인을 위해 얻은 크로마토그램 예.

2) 제약 분야

① Neurotensin의 분취

• Neurotensin의 초기 분석 조건

Column: Delta-PakC_{18}, 15 μm, 300Å, 0.8×10 cm cartridge

Solvent A: Water with 0.1% TFA

Solvent B: Acetonitrile with 0.1% TFA

Gradient:

Time	Flow	A	B	Curve
Initial	2.0	95	5	6
2	2.0	95	5	6
10	2.0	73	27	6
15	2.0	73	27	6
27	2.0	10	90	6
30	2.0	10	90	6

Flow rate: 2.0 mL/min

Detection: UV 230 nm

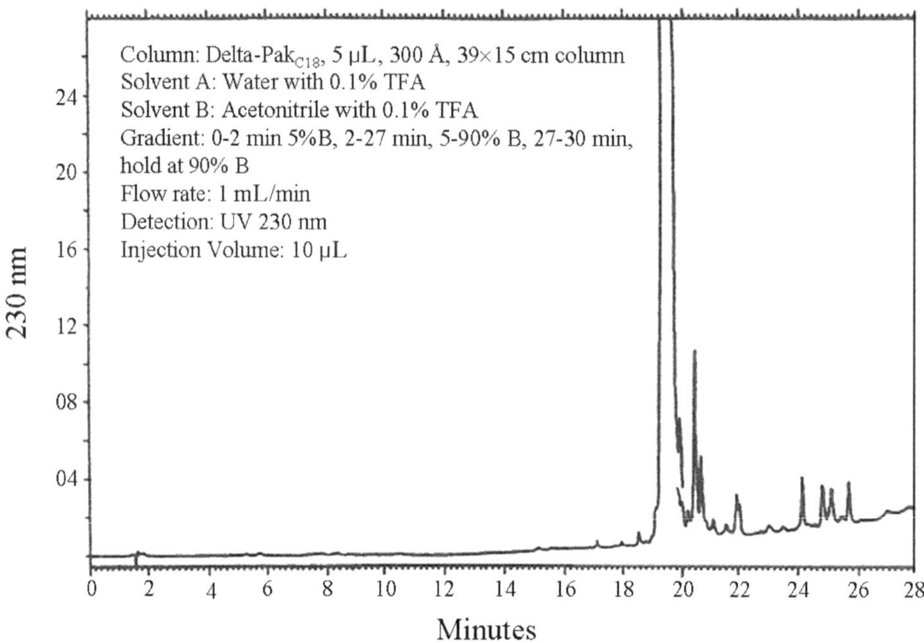

그림 4-66
용매 기울기법에 의해 얻은 Neurotensin의 크로마토그램 예.

• Neurotensin의 Scale-up에 의한 분취

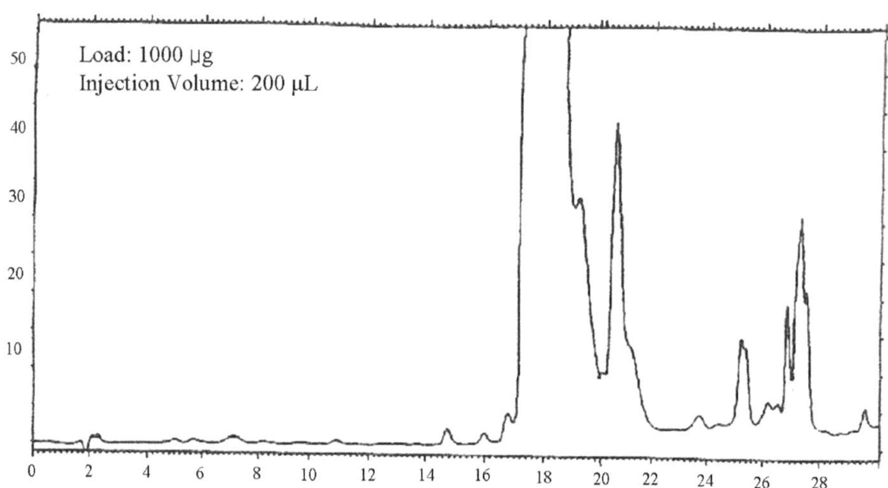

그림 4-67
Prep HPLC에 의해 Neurotensin의 Scale-up에 의한 분취를 보여 주는 크로마토그램.

• 분취된 물질의 순도 확인

3) 천연 유기 물질 분야

① 천연물(Natural Product) 분취

• Chiness Herbal Plant로부터 Kadsurenone과 Futoquinol 분리하기 위한 시료 전처리

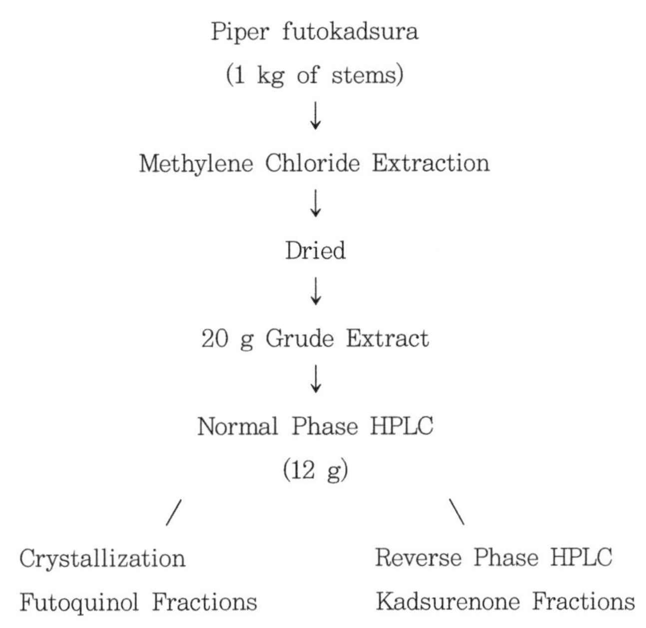

② 초기 분석 조건 선정

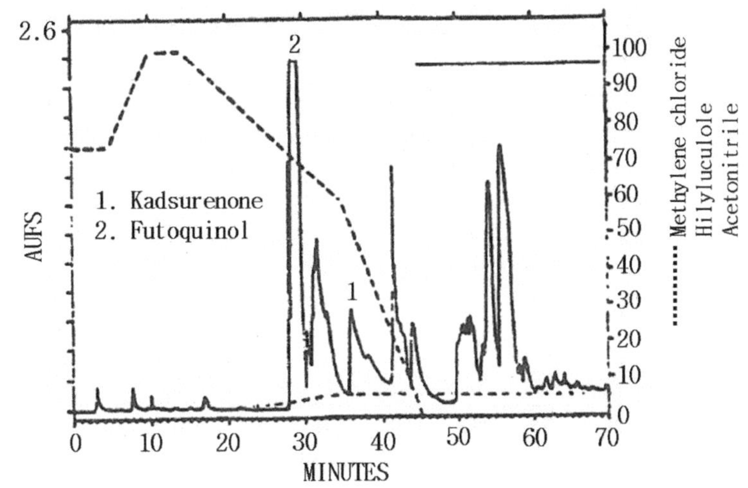

그림 4-68 Chiness Herbal Plant중의 Kadsurenone과 Futoquinol의 성분 분석.

③ Scale-up에 의한 분석

Column: Porastl PrepPak, 15 μm, 4 mm×30 cm
Flow rate: 80 mL/min
Solvent A: Hexane
Solvent B: Methylene chloride
Solvent C: Ethyl acetate
Solvent D: Acetonitrile
Gradient conditions: Same as for Figure 21
Detection: UV 290 nm

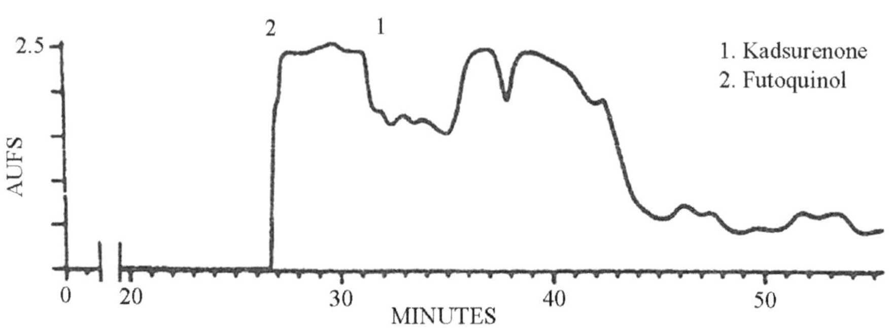

그림 4-69
Scale-up에 의한 Kadsurenone과 Futoquinol의 성분 분석.

④ 분취된 물질의 순도 확인(Waters M996 PDA 사용)

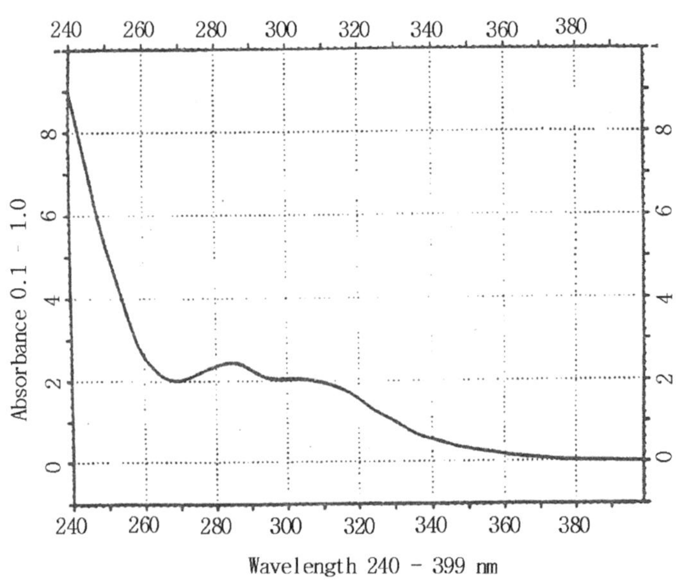

그림 4-70
분취된 kadsurenone과 futoquinol의 순도 확인을 나타내는 스펙트럼.

⑤ 분취된 물질의 순도 확인(Waters M996 PDA 사용)

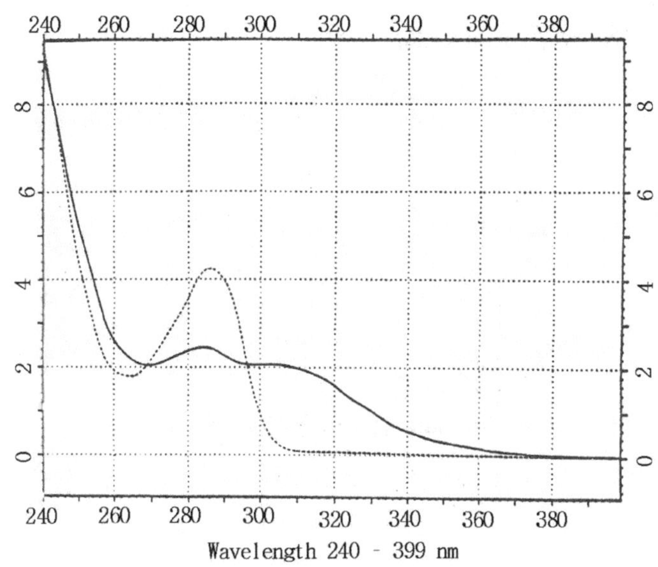

그림 4-71
PDA 검출기를 이용한 분취된 kadsurenone과 futoquinol의 순도 확인.

4) 정밀 화학 분야

① 카이랄 화합물의 분취

- 카이랄 화합물(Chiral Compound)을 유도체화한 후 분취하는 기법

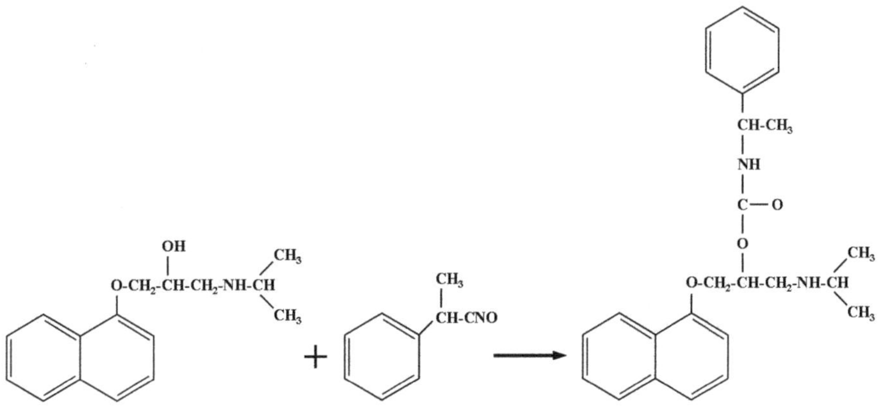

그림 4-72
카이랄 화합물을 유도체화하는 예.

• 이동상에 첨가제를 첨가시켜 카이랄 화합물을 분취하는 기법

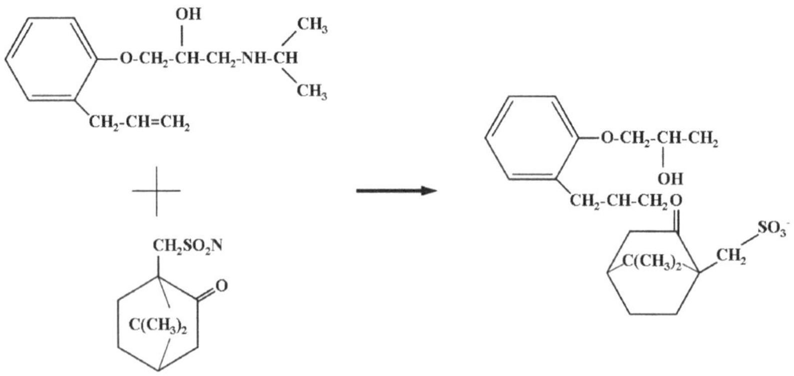

그림 4-73
이동상에 첨가제를 첨가시켜 카이랄 화합물을 분취하는 예의 화학 반응식.

② 카이랄 분리관(Chiral column)을 사용하여 분취하는 기법

• Benzodiazepam Analogue의 Small Scale 분취 조건 및 크로마토그램

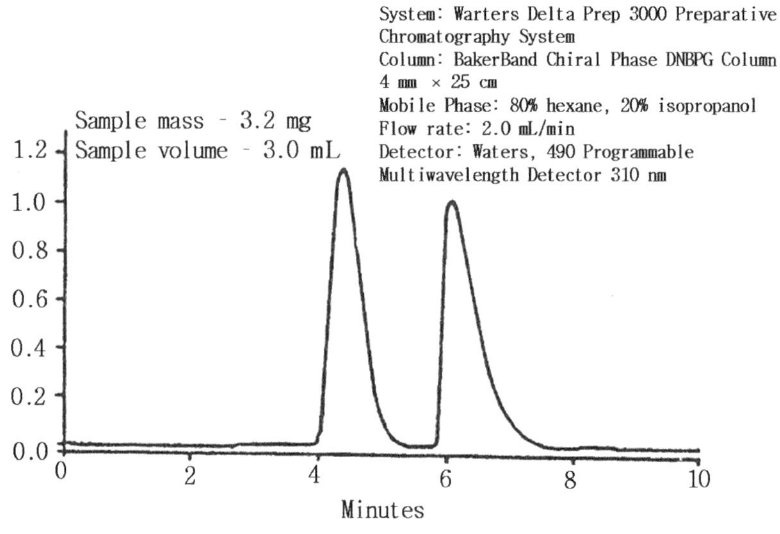

그림 4-74
분석용 HPLC에 의한 benzodiazepam analogue의 분석.

• Benzodiazepam analogue의 큰 용량 분취 조건 및 크로마토그램

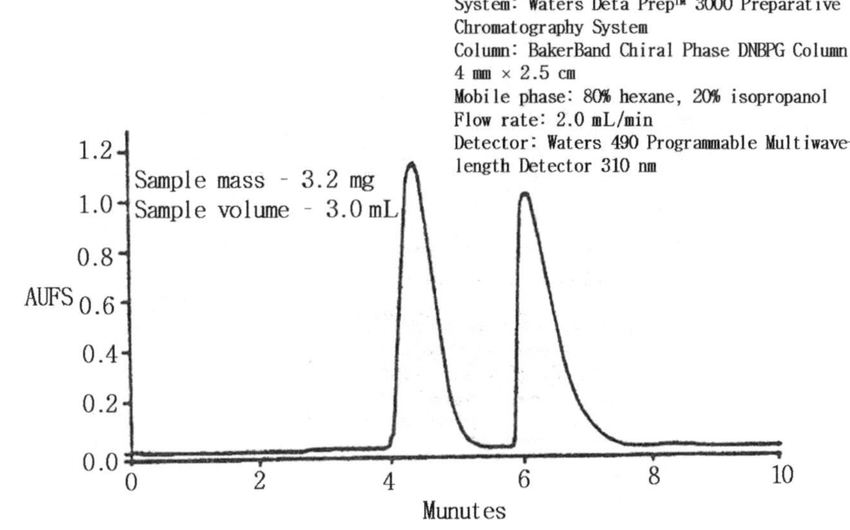

그림 4-75
분취용 HPLC를 이용한 benzodiazepam analogue의 분취.

5) 의학 분야

① Human Hemoglobin Ao의 시료 전처리 방법

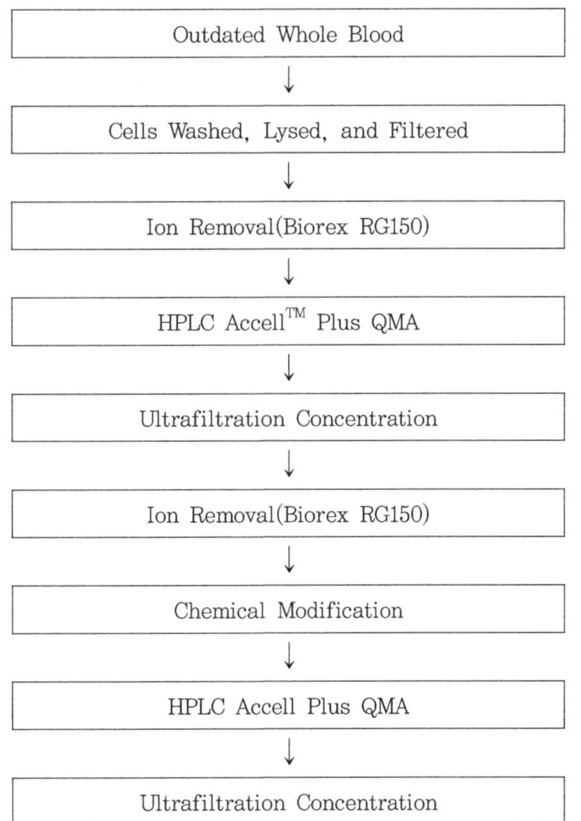

그림 4-76
Human Hemoglobin Ao의 일반적인 시료 전처리 방법.

• Human Hemoglobin Ao의 Small Scale 분석 조건 및 크로마토그램

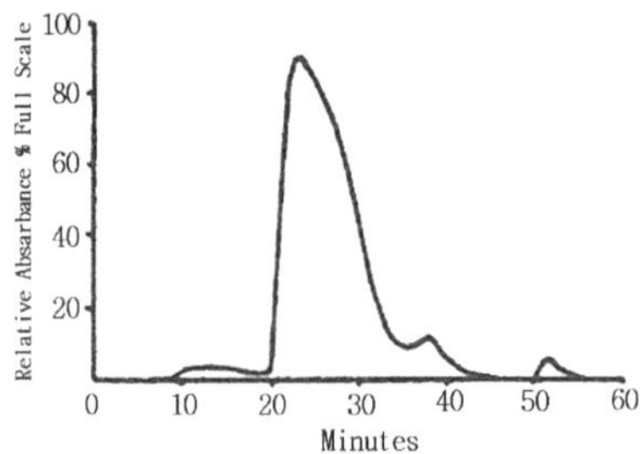

System: Waters Delta Prep™ 3000 Preparative
Chromatography System
Column: Accell™ Plus QMA, 37-55μ, 57 mm × 300 mm
PrepPak™ Cartridge
Mobile Phase A: 0.05M Tris-HCL pH 8.5
Mobile Phase B: 0.05M Tris-HCL pH 6.5
Gradient: 10-80% B, 50min
100% B, 10min
Flow rate: 4.8 L/hr
Detection: VIS 510 nm

그림 4-77
분석용 HPLC에 의한 Human Hemoglobin Ao의 분석.

• Human Hemoglobin Ao의 분취 조건 및 크로마토그램

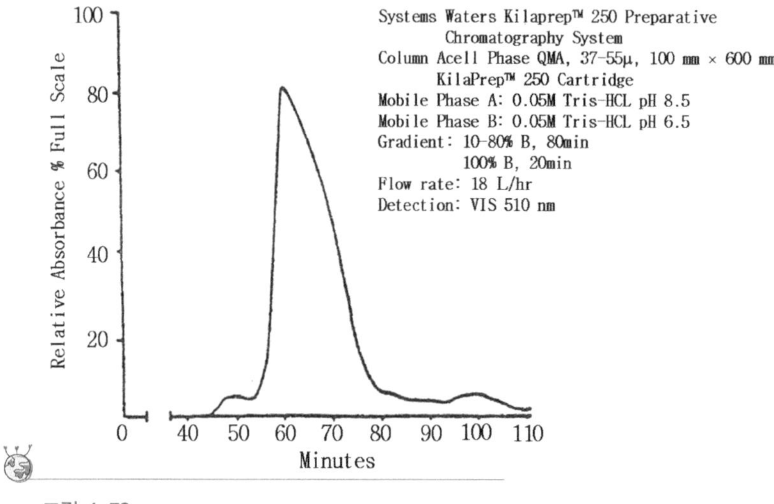

그림 4-78
분취용 HPLC에 의한 Human Hemoglobin Ao의 분취.

6) 생명 과학 분야

① Peptide M의 분취

• Peptide M의 초기 분석 조건

Column: Waters Delta-Park C_{18}, 300Å 15μ 3.9 mm × 30 cm
Mobile phase A: 0.1% TFA/H_2O
Mobile phase B: 0.1% TFA/ACN
Gradient Profile: 0-25% B, 30min
Flow rate: 0.5 mL/min
Detection: Waters Lambda Max 481
Absorbance Detector, 214 nm
0.06 AUFS

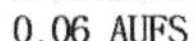

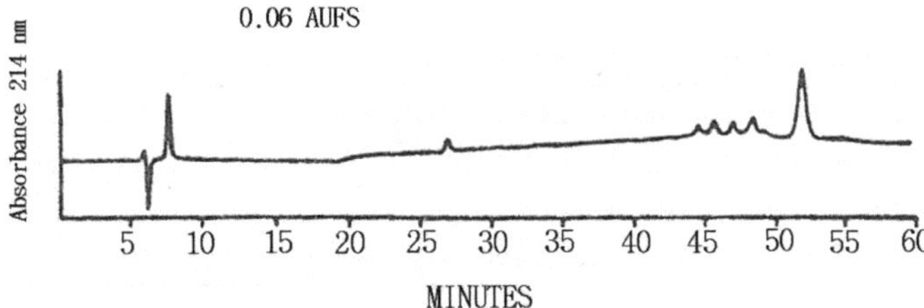

그림 4-79
분석용 HPLC에 의한 펩타이드의 분석.

• Peptide M의 Scale-Up에 의한 분취 조건

Column: Waters Delta-Park C_{18}, 300Å 15μ 50 mm × 30 cm
Mobile phase A: 0.1% TFA/H_2O
Mobile phase B: 0.1% TFA/ACN
Gradient profile: 0-25% B, 40 min
Flow rate: 80 mL/min
Detection: Waters Lambda Max 481
Absorbance Detector, 214 nm, 0.4 AUFS

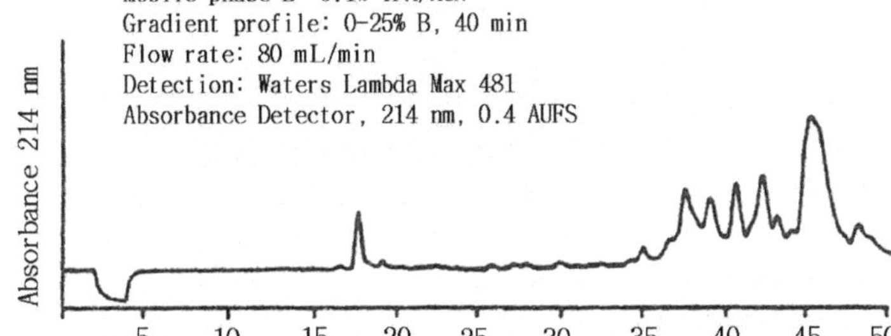

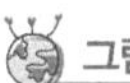
그림 4-80
분취용 HPLC에 의한 펩타이드의 분석.

• 분취된 물질의 순도 확인

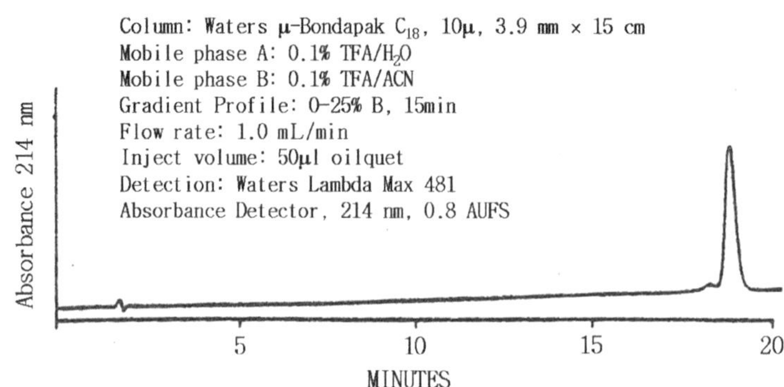

그림 4-81
분취된 펩타이드의 순도 확인을 보여 주는 크로마토그램.

② Oligosaccharide의 분석

• Oligosaccharide의 분리 · 분취 · 정제 과정

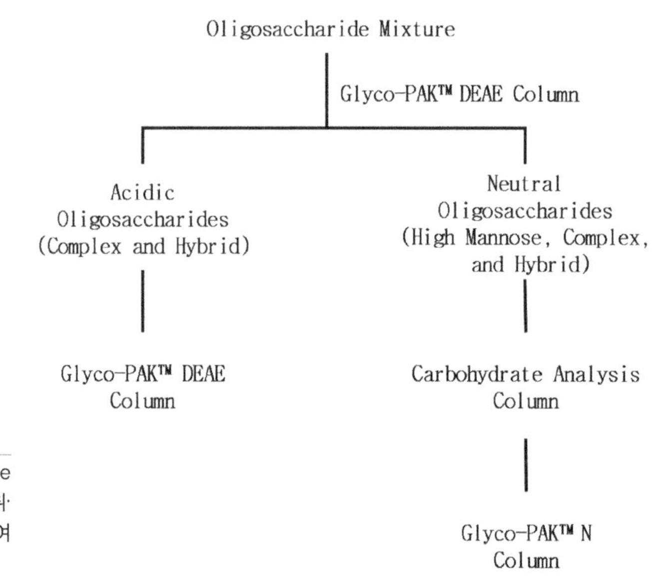

그림 4-82
Oligosaccharide의 분리·분취·정제 과정을 보여 주는 계통도.

• 분리 · 정제된 Oligosaccharide의 크로마토그램

ⓐ Glyco-Pak DEAE 칼럼에 의해서 분리 · 정제된 크로마토그램

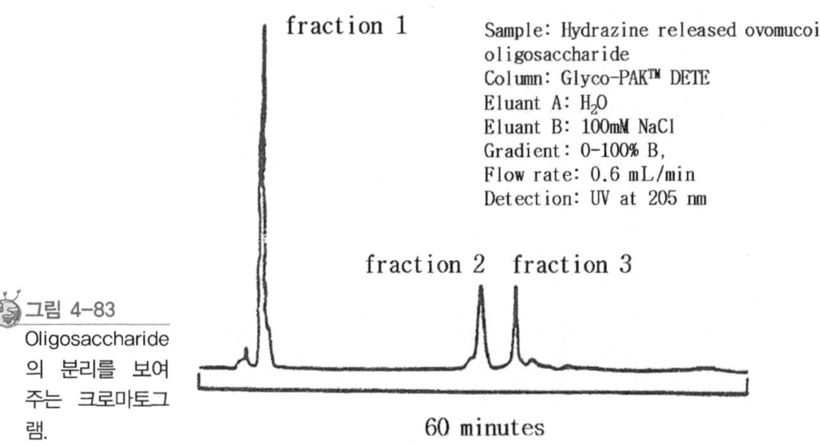

그림 4-83 Oligosaccharide의 분리를 보여주는 크로마토그램.

ⓑ Waters Carbohydrate Analysis Column에 의해서 분리, 정제된 크로마토그램

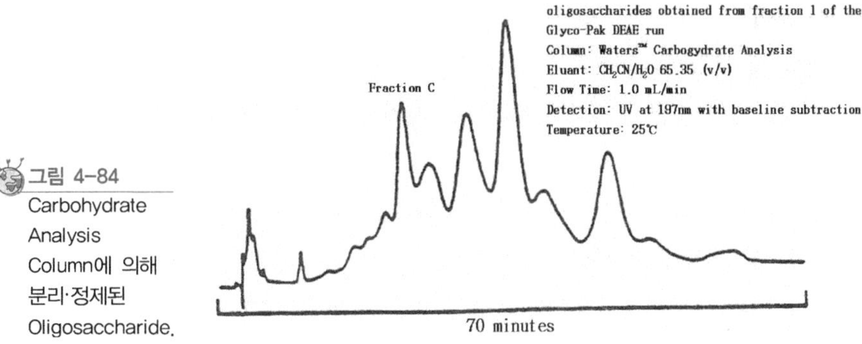

그림 4-84 Carbohydrate Analysis Column에 의해 분리·정제된 Oligosaccharide.

ⓒ Glyco-Pak N Column에 의해서 분리, 정제된 크로마토그램

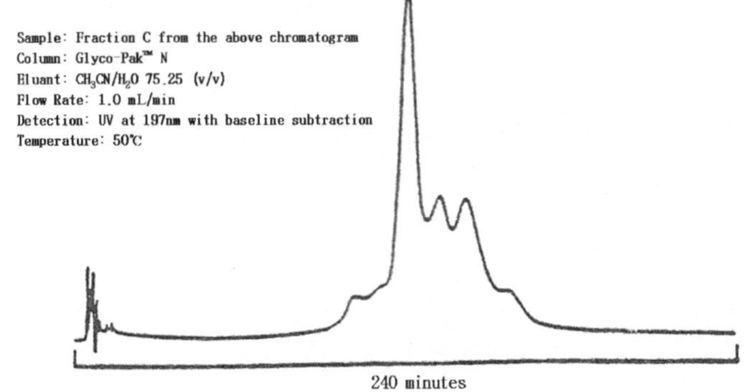

그림 4-85 Glyco-Pak N Column에 의해서 분리, 정제된 크로마토그램.

ⓓ Neutral Oligosaccharide Standard 분리 크로마토그램

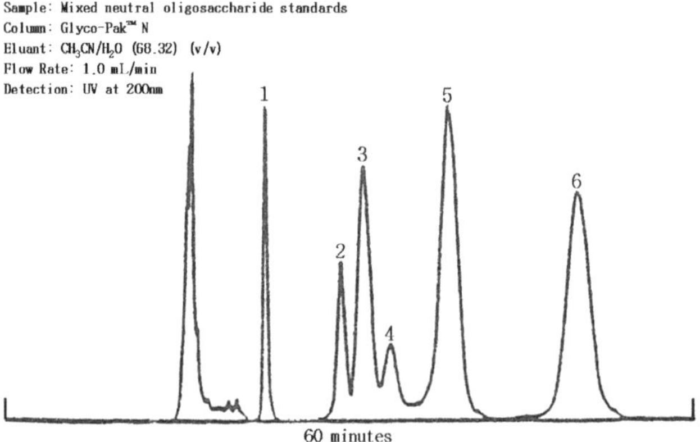

Separation of mixed neutral oilgosaccharide standard on the Glyco-Pak N column

그림 4-86 HPLC에 의한 Neutral Oligosaccharide Standard 분리.

7) 고분자 분야

① GPC 분취의 목적

- 환경 시료에서 높은 분자량의 불순물을 제거함으로써 시간과 용매 사용을 감소시킨다.
- 분자량에 따른 분리이므로 예측이 가능하고 따라서 화학적으로 복잡한 물질(극성, 비극성 혼합체)의 분리도 용이하다.
- 고분자 제품의 분취 후 첨가제의 정성·정량 분석이 가능하다.
- 분자량 조절과 특성화가 가능하다.

표 4-7 GPC에서 주입량과 크로마토그램의 관계.

Procedure	Columns	High MW	Low MW	Flow Rate	Relative Load
Analytical	ULTRASTYRAGEL™	10^5, 10^4, 10^3 Å	10^3, 500 Å	1 mL/min	–
Loading Study	STYRAGEL™ (7.8 mm×4 ft.)	10^5 Å	10^3 Å	1.25 mL/min	1
Preparative	STYRAGEL™ (57 mm×4 ft.)	10^5 Å	10^3 Å	50 mL/min	40
Analytical	ULTRASTYRAGEL™	10^5, 10^4, 10^3 Å	10^3, 500 Å	1 mL/min	–

② GPC clean-up system을 이용한 High Molecular weigh 제거

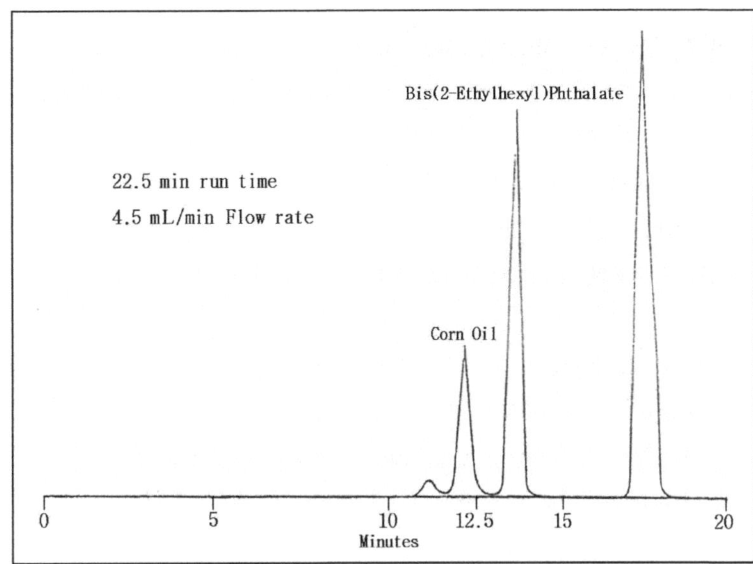

그림 4-87 고속, 고성능 분리관을 사용한 높은 분자량의 제거.

표 4-8 GPC 칼럼을 이용한 환경 물질의 불순물 제거.

Typical Run Times(Minutes)				
Column	Dump	Collect	Wash	Total
Low Resolution	30.0	36.0	15.0	81.0
Ultrastyragel	12.5	8.5	4.0	25.0
Typical Methylene Chloride Volumes(ml)				
Column	Dump	Collect	Wash	Total
Low Resolution	150.0	180.0	75.0	405.0
Ultrastyragel	56.25	38.25	18.0	112.5

③ 분자량에 따른 물질의 분취

SAMPLE: EPA METOD 3460 MIX

COLUMN: GPC CLEANUP 19 mm × 15 + 30 cm

SOLVENT: CH2Cl2 FLOW: 5mL/min

SAMPLE SIZE: 2 mL

DETECTION: 254NM 2AUFS 3 mm PATH

PEAK LEGEND

1. Corn Oil ~ 800Mw, 62.5 mg/mL
2. Bis(2~ethylhexyl)phthalate ~ 425Mw, 2.5 mg/mL
3. Methoxychlor ~ 346Mw, 0.5 mg/mL

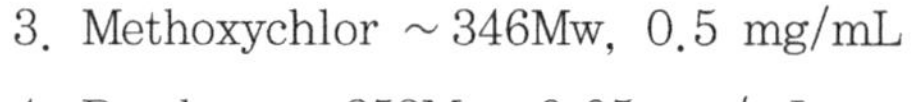

4. Perylene ~ 252Mw, 0.05 mg/mL
5. Sulfur ~32Mw, 0.2 mg/mL

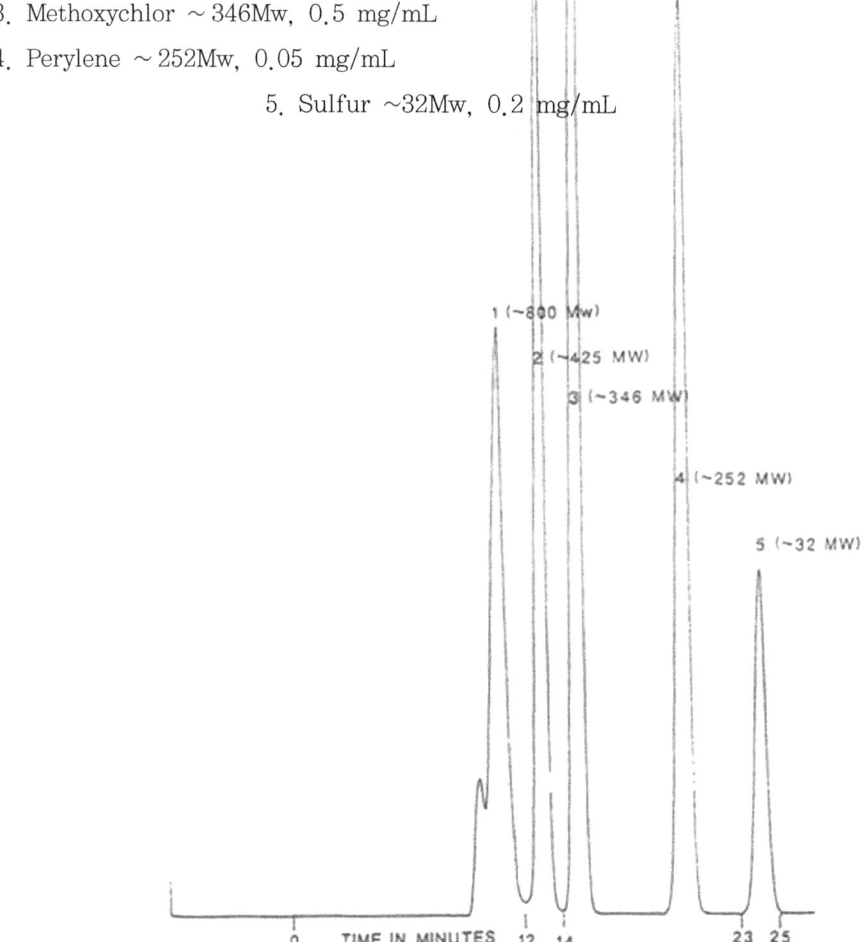

그림 4-88
GPC를 이용한 물질의 분자량에 따른 분취 예.

④ Size Separation과 Analytical Separation

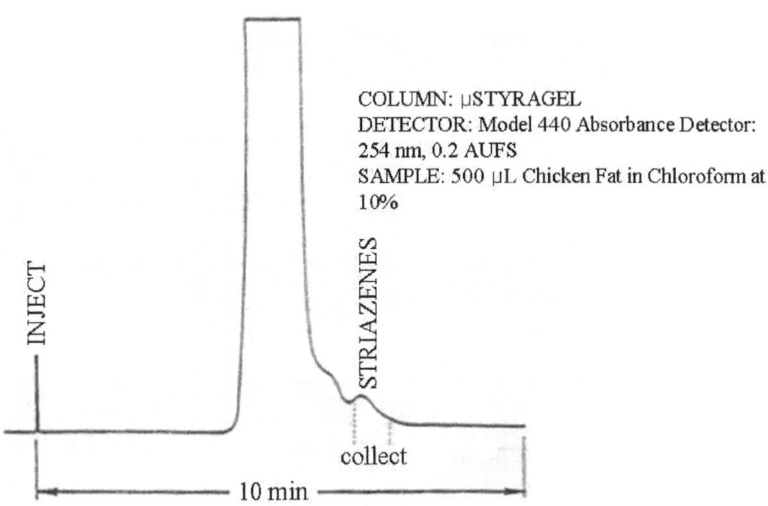

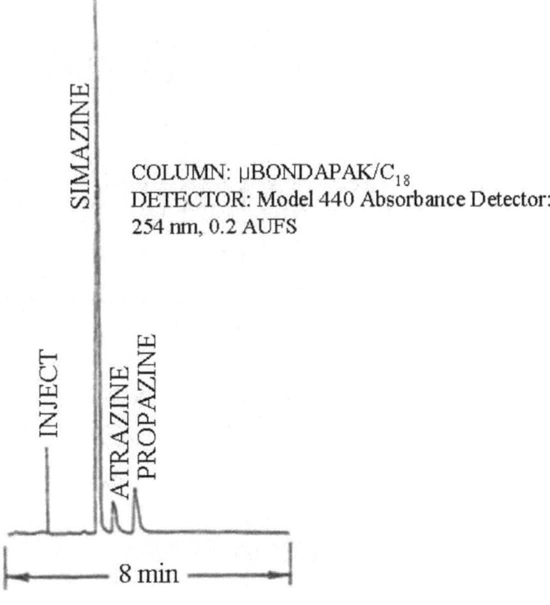

그림 4-89
크기별 분리 후(상) 분석용 HPLC에 의한 순도 측정(하).

⑤ 첨가제 분석을 위한 분취

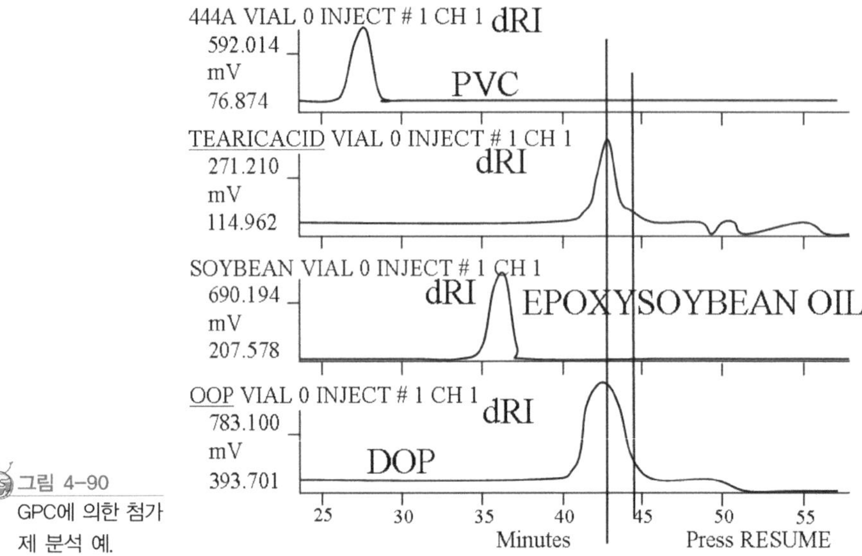

그림 4-90
GPC에 의한 첨가제 분석 예.

⑥ 분자량 Control을 위한 분취

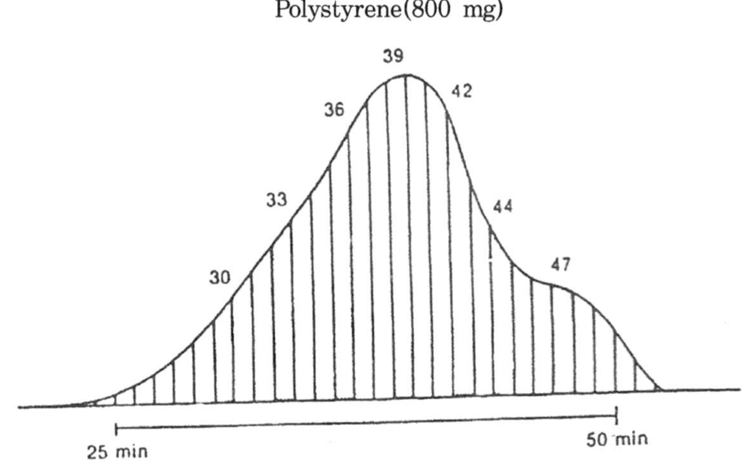

COLUMN: STYRAGEL® 10^5 Å(57 mm I.D. ×4 ft.)
SAMPLE: Polystyrene, 1%(w/v)
INJECTION VOLUME: 80 mL(800 mg polymer)
MOBILE PHASE: THF
FLOW RATE: 50 mL/min
DETECTOR: RI(R403), 64X

그림 4-91
분자량 조절을 위한 GPC에 의한 polystyrene(800 mg) 분취 예.

GPC Analysis of Polystyrene Fractions

800 mg Prep Run

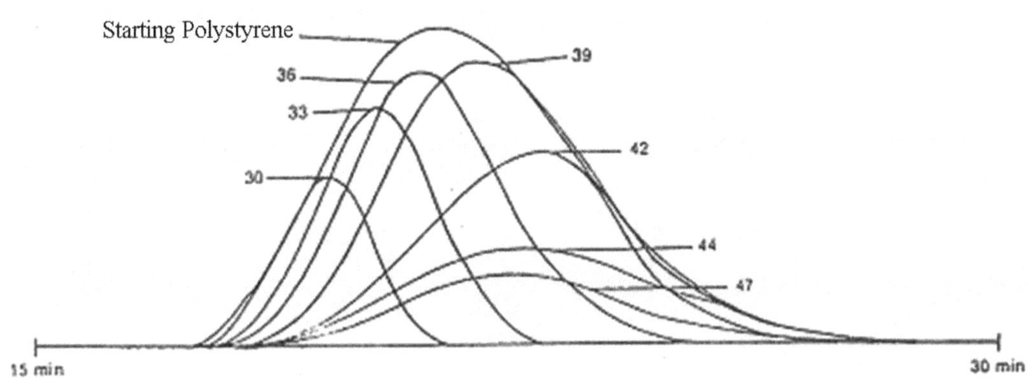

COLUMNS: ULTRASTYAGEL™ 10^5, 10^4, 10^3 Å

SAMPLE: Starting Polystyrene, preparative fractions

INJECTION VOLUME: 200 μL

MOBILE PHASE: THF

FLOW RATE: 1 mL/min

DETECTOR: RI

그림 4-92

GPC에 의한 polystyrene fraction의 예.

8 기타

1) Waters HPLC를 이용한 분취시스템 및 분취량 소개

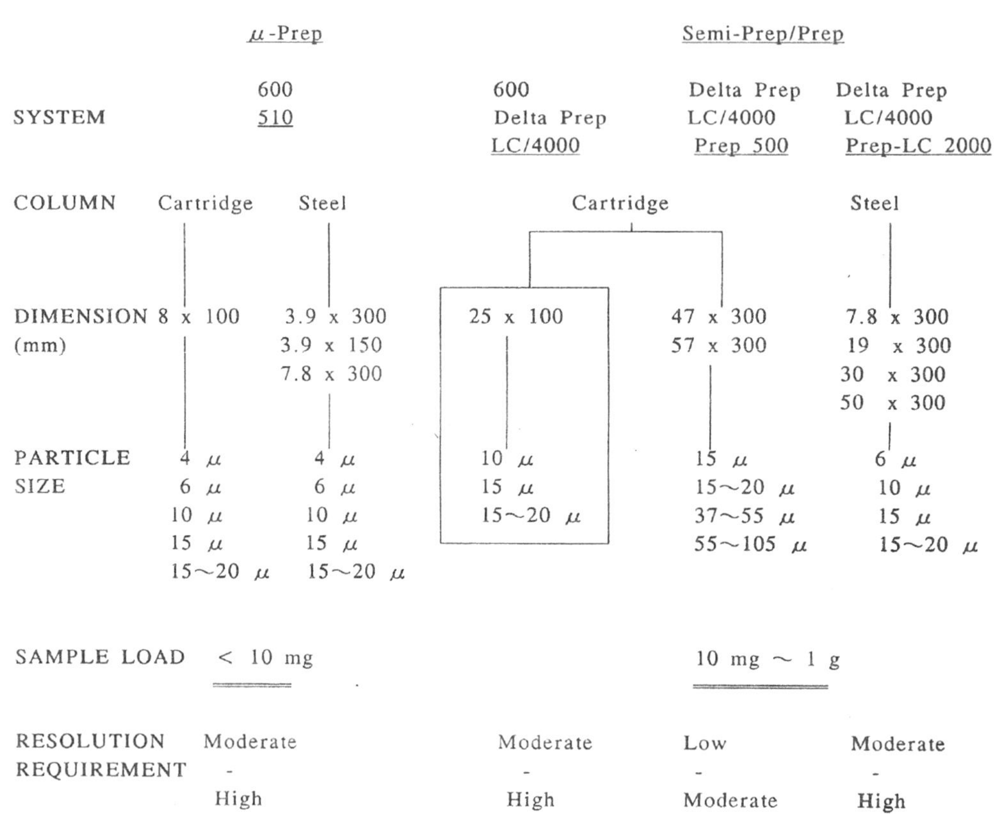

그림 4-93
Waters HPLC 시스템을 이용한 분취 시스템 및 분취량 소개

2) Radial Compression Column 및 Steel Column의 크기에 따른 Loading Capacity

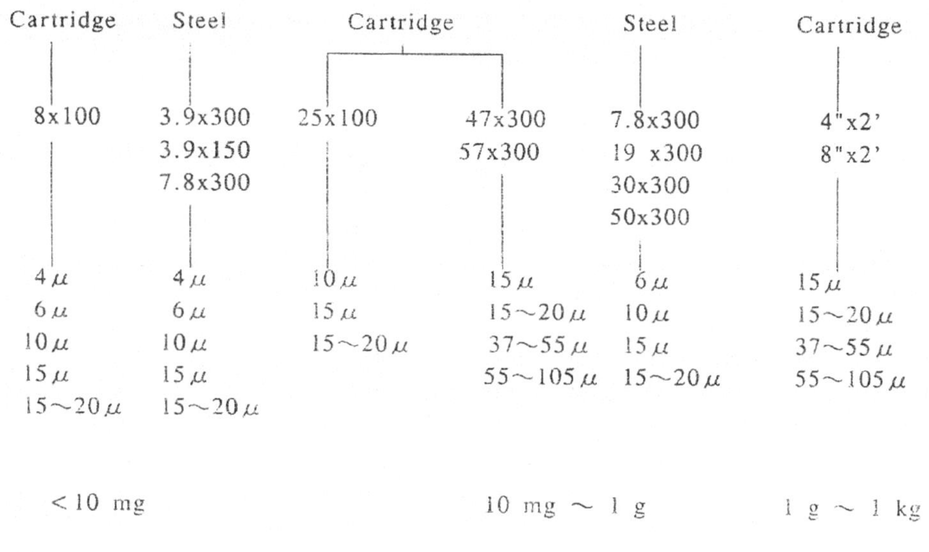

그림 4-94
Radial compression-분리관 및 강철-분리관의 크기에 따른 시료 주입량 비교.

3) 응용 분야 및 분리 형태에 따른 분리관 시료 주입량

표 4-9 응용 분야별 분리 형태에 따른 분리관 시료 주입량의 비교.

CONTAINER MATERIAL	COL.DIMEN. (mm) DIAM	LENGT	VOL(mL) TYPICAL	FLOW mK/min	GEL PERMEATION 5000MW	GEL PERMEATION >5000MW	GEL FILT. ROTEINS	ION EX. GRAD.	ION EX. ISOC.	REV.PH PEPTIDES	REV.PH. SMALL MC.	SILICA SMALL MC.
					MAXIMUM LOAD, IN MG OF SAMPLE ON COLUMN, BY SEPARATION MODE							
SS	1	150	0.09	.02-.2	0.2	0.0	0.1	0.2	0.0	0.1	0.2	0.9
SS	1	300	0.18	.02-.2	0.4	0.0	0.2	0.4	0.0	0.2	0.4	1.8
SS, PEEK	2	150	0.35	.05-.5	0.7	0.1	0.4	0.9	0.0	0.4	0.9	3.5
SS	2	300	0.71	.05-.5	1.4	0.1	0.7	1.8	0.1	0.7	1.8	7.1
SS	3.9	75	0.67	.5-2.5	1.3	0.1	0.7	1.7	0.1	0.7	1.7	6.7
SS, PEEK	3.9	150	1.34	.5-2.5	2.7	0.3	1.3	3.4	0.1	1.3	3.4	13.4
SS	3.9	300	2.69	.5-2.5	5.4	0.5	2.7	6.7	0.3	2.7	6.7	26.9
POLYPROP	5	100	1.47	.5-4	2.9	0.3	1.5	3.7	0.1	1.5	3.7	14.7
SS	6	100	2.12	.5-2	4.2	0.4	2.1	5.3	0.2	2.1	5.3	21.2
SS	7	300	8.65	.5-1	17.3	1.7	8.7	21.6	0.9	8.7	21.6	86.5
SS, GLASS	7.5	75	2.48	.5-1	5.0	0.5	2.5	6.2	0.2	.5	6.2	24.8
SS	7.8	150	5.37	.5-1	10.7	1.1	5.4	13.4	0.5	5.4	13.4	53.7
SS	7.8	300	10.75	.5-4	21.5	2.1	10.7	26.9	1.1	10.7	26.9	107.5
SS, GLASS	8	75	2.83	.5-4	5.7	0.6	2.8	7.1	0.3	2.8	7.1	28.3
POLYPROP	8	100	3.77	.5-4	7.5	0.8	3.8	9.4	0.4	3.8	9.4	37.7
SS, GLASS	8	300	11.30	.5-4	22.6	2.3	11.3	28.3	1.1	11.3	28.3	113.0

CONTAINER MATERIAL	COL. DIMEN. (mm) DIAM	LENGT	VOL(mL) TYPICAL	FLOW mK/min	TYPLCAL MAXIMUM LOAD, IN MG OF SAMPLE ON COLUMN, BY SEPARATION MODE GEL PERMEATION 5000MW	)5000MW	GEL FILT. ROTEINS	ION EX. GRAD.	ION EX. ISOC.	REV.PH PEPTIDES	REV.PH. SMALL MC.	SILICA SMALL MC.
GLASS	10	100	5.89	.5-4	11.8	1.2	5.9	14.7	0.6	5.9	14.7	58.9
PP.GLASS	10	200	11.78	.5-4	23.6	2.4	11.8	29.4	1.2	11.8	29.4	117.8
PP.GLASS	10	300	17.66	.5-4	35.3	3.5	17.7	44.2	1.8	17.7	44.2	176.6
SS	19	150	31.88	5-20	63.8	6.4	31.9	79.7	3.2	31.9	79.7	318.8
SS	19	300	63.76	5-20	127.5	12.8	63.8	159.4	6.4	63.8	159.4	637.6
GLASS	20	100	23.55	2-10	47.1	54.7	23.6	58.9	2.4	23.6	58.9	235.5
GLASS	20	200	47.10	2-10	94.2	9.4	47.1	117.8	4.7	47.1	117.8	471.0
GLASS	20	300	70.65	2-10	141.3	14.1	70.7	176.6	7.1	70.7	176.6	706.5
SS.GLASS	20	500	117.75	2-10	235.5	23.6	117.8	294.4	11.8	117.8	294.4	1177.5
SS	21.5	150	40.82	2-10	81.6	8.2	40.8	102.1	4.1	40.8	102.1	408.2
POLYPROP	25	100	36.80	5-30	73.6	7.4	36.8	92.0	3.7	36.8	92.0	368.0
POLYPROP	25	200	73.59	5-30	147.2	14.7	73.6	184.0	74	73.6	184.0	735.9
POLYPROP	25	300	110.39	5-30	220.8	22.1	110.4	276.0	11.0	110.4	276.0	1103.9
POLYPROP	40	100	94.20	15-100	188.4	18.8	94.2	235.5	9.4	94.2	235.5	942.0
POLYPROP	40	200	188.40	15-100	376.8	37.7	188.4	471.0	18.8	188.4	471.0	1884.0
POLYPROP	40	300	282.60	15-100	565.2	56.5	282.6	706.5	28.3	282.6	706.5	2826.0
POLYPROP	47	300	390.16	20-100	780.3	28.0	390.2	975.4	39.0	390.2	975.4	3901.6
GLASS	50	100	147.19	10-50	294.4	29.4	147.2	368.	14.7	147.2	368.0	1471.9
GLASS	50	200	294.38	10-50	588.8	58.9	294.4	735.9	29.4	294.4	735.9	2943.8
SS.GLASS	50	300	441.56	10-50	883.1	88.3	441.6	1103.9	44.2	441.6	1103.9	4415.6
POLYPROP	57	300	573.85	50-500	1147.7	114.8	573.9	1434.6	57.4	573.9	1434.6	5738.5

TYPICAL INJECTION VOLUMES: For maximum efficicncy, injcction volumes should be held proportional to the column size. Gcncrally, GPC and GFC allow up to 2% of the column volume

Gradicnt scparations may allow very large volumes of sample to be londed so long as the "diluent" of the sample is NOT a good "eluent" for the matcrials to be lsolatcd.
For isocralic Recversc Phase and lon Exchange, use 5% or less For silica or normal phase separations up to 10% is fairly common.

 4-7 단백질의 분리 · 정제법

생명체는 궁극적으로는 세포로 구성되어 있다. 그리고 각 생명체의 세포 내에서는 자기의 생명을 유지하기 위하여 화학 반응을 수행한다. 이와 같은 화학 반응, 즉 대사과정을 거치면서 생명체는 섭취한 거대분자(macromolecule)를 작은 분자로 분해하면서 에너지(ATP)를 얻거나 필요에 따라서는 작은 분자들이 반응하여 거대분자를 형성하기도 한다. 대사과정에 이상이 생긴 생명체는 질병을 일으키거나 때로는 죽기까지 한다. 생체 내에서 일어나는 반응에는 적어도 한 개 이상의 효소(enzyme)가 관여한다. 이들은 생체에서 일어나는 화학 반응의 속도를 10^8에서 10^{14} 정도까지 가속화시켜 주는 역할을 한다. 효소는 라이보자임(ribozyme)을 제외하고는 모두가 단백질이다.

단백질(protein)은 천연에 존재하는 20개의 아미노산들이 펩타이드 결합(peptide bond)으로 이루어진 생체거대분자(bio-macromolecules)로서 단백질 자체가 유효 성분인 경우보다는 단백질이 관여하여 대사 과정을 원활하게 진행시켜 이차 대사물질의 생성을 극대화시키는 역할을 수행한다. 단백질은 물에 녹는 수용성(water soluble) 단백질과 계면활성제(surfactant)에 녹는 지용성(lipid soluble) 막단백질(membrane protein)로 분류할 수 있다. 단백질의 크기는 아미노산 잔기의 수가 작게는 수십에서 크게는 수천에 달하며, 펩타이드 사슬(chain)의 수가 단 하나의 사슬(single chain)로만 구성된 단량체(monomer)의 단백질과 여러 개의 소단위체(subunit)가 모여서 비로소 단백질의 기능을 수행할 수 있는 올리고머(oligomer) 또는 다중체(multimer)의 단백질이 있다. 단백질은 화학 반응의 속도를 가속화시켜 주는 효소 이외에도 헤모글로빈(hemoglobin)과 같이 조직에서 조직으로 산소를 운반하는 운반체의 역할을 수행하기도 하며, 핵산(DNA 또는 RNA)과 결합하여 필요한 때에 유전자의 자기 복제, 전사 또는 발현을 억제 또는 상승시키는 조절의 기능을 수행하기도 한다. 그 이외에도 병원체에 대항하는 항체 역시 단백질이다. 단백질은 온도와 pH의 변화에 비교적 민감하므로 단백질을 정제할 때 항상 적절한 완충 용액을 사용하여 pH의 변화를 최소화해야 한다. 또한 생체 물질의 활성도의 손실을 작게 하기 위하여 전 정제 과정을 흔히 4℃에서 수행한다.

1 단백질 분리·정제에 필요한 장비, 재료, 시약

1) 장비

단백질의 정제에 필요한 장비들은 일반적으로 복합적이고 복잡하지만 최근에는 작동이 자동화되어 단순해지고 있다. 그림 4-95는 단백질을 분리·정제하는 실험실에서 볼 수 있는 장비들을 그림으로 편집하였고, 각 항의 번호에 해당하는 장비의 설명을 곁들였다.

ⓐ 저울(balance): 단백질 분리에 필요한 물질을 재는 데 사용
ⓑ 배양기(incubator): 대장균의 배양에 사용
ⓒ 초음파 분쇄기(ultrasonic homogenizer): 세포막을 파괴하여 세포내 성분을 추출하는 데 사용
ⓓ pH-측정기(pH-meter): 완충 용액의 산도를 측정하는 데 사용

ⓔ 원심 분리기(centrifuge): 실험실에서 온도 조절이 가능한 원심 분리기를 이용하여 단백질의 침전물을 분리, 단백질과 단백질 사이의 상호작용 분석에도 사용

ⓕ–ⓖ SDS-PAGE 장치(sodium dodecyl sulfate polyacrylamide gel electrophoresis apparatus): 단백질의 정제 단계마다의 순도(purity) 및 단백질 복합물(protein complex)을 점검하는 데 사용

ⓗ 마이크로피페트(micropipette), 일회용 팁(disposable tips)

ⓘ 균질기(homogenizer): 진핵 세포나 조직을 파쇄할 때 사용

ⓙ 연동 펌프(peristaltic pump): 칼럼의 유속을 조절하는 장치

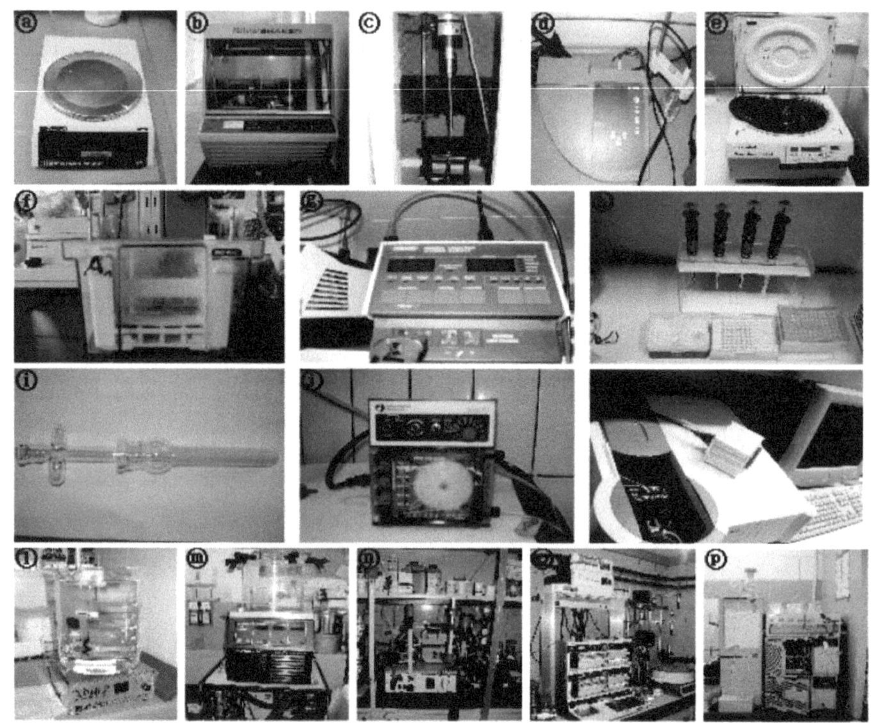

그림 4-95
단백질을 분리·정제하는 장비들

ⓚ 분광 측정 기기(spectrophotometer): 단백질의 농도 측정, 효소의 활성도 측정에 사용

ⓛ 자력 교반기(magnetic stirrer)와 투석막(dialysis sack): 완충 용액의 제조나 물질을 녹일 때 흔히 사용하고, 투석막은 완충 용액을 교환할 때 사용

ⓜ 동결 건조기(freezing drier): 시료를 동결 상태에서 수분을 제거하여 건조시킬 때 사용

ⓝ 칼럼 크로마토그래피(column chromatography): 단백질 분리에 사용

ⓞ FPLC(fast protein liquid chromatography): 단백질을 다량 분리·정제하는 장치로서 자외선-가시광선 모니터(UV monitor)와 분획 분취기(fraction collector)가 한 세트를 형성함

ⓟ 고성능 액체 크로마토그래피(HPLC, high performance liquid chromatography): 소량의 생체고분자를 빠른 시간에 정제할 때 사용

2) 재료

단백질의 분리 · 정제에는 여러 종류의 크로마토그래피(chromatography)를 사용한다. 크로마토그래피는 크기, 전하, 흡착성 또는 생물학적 친화성(affinity)의 차이에 근거를 두고 미세한 수지(resin)를 충진시킨 칼럼(column)을 통하여 유체를 균일하게 침투 통과시키는 과정에서 유체내 어떤 성분이 선택적으로 지연되어 결과적으로 물질이 분리되는 것을 말한다. 분리하려는 물질의 크기 차이에 근거를 두고 분리하는 젤(gel) 크로마토그래피, 분리하려는 물질이 이온 교환 수지에 흡착하는 정도에 기준을 두어 분리하는 이온 교환(ion exchange) 크로마토그래피, 분자간의 친화성에 근거를 둔 친화성 크로마토그래피(affinity chromatography)가 있다. 이외에도 용질 분자와 지지체(matrix) 위의 작용기 사이의 소수성 상호작용에 기초한 소수성 상호반응(hydrophobic interaction) 크로마토그래피, 고성능 액체 크로마토그래피(high performance liquid), FPLC(fast protein liquid chromatography) 등 여러 가지가 있다. 다음 항에서는 단백질 분리에 사용되는 수지(resin)에 대해 언급하고자 한다.

① 이온 교환 수지(ion exchangers)

단백질은 양전하와 음전하를 동시에 가진 아주 복잡한 고분자 전해질(polyelectrolytes)이다. 분리 · 정제를 하려는 단백질이 담겨진 완충 용액의 pH에 따라 양전하와 음전하의 세기가 달라질 수 있다. 흔히 관심 대상의 단백질이 어떤 이온 교환 수지에 결합을 잘 하는가를 알아보기 위하여 일괄 혼합 방법(batch method)을 사용하여 확인한다. 다시 말해서 표 4-10에 열거한 이온 교환 수지에 단백질 용액을 일정 시간 동안 흡착시켜서 수지에 흡착된 단백질을 1~2 M의 염화 포타슘이나 염화 소듐을 사용하여 용출시켜서 분리하고자 하는 단백질이 어느 수지(resin)에 강하게 결합하는가를 알아본다. 이 실험을 통하여 적절한 수지(resin)가 정해지면 이 수지를 일정한 크기의 칼럼(column)에 충진시킨 후 염 기울기(salt gradient)를 걸어서 단백질을 용출시켜 다른 단백질과 분리시킨다.

표 4-10 이온 교환 수지.

이온 교환 수지	작용기명	약어
Strong cation exchangers		
$-SO_3^-$	Sulfo-	S-
$-CH_2SO_3^-$	Sulfomethyl-	SM-
$-C_2H_4SO_3^-$	Sulfoethyl-	SE-
$-C_3H_6SO_3^-$	sulfopropyl-	SP-
$-PO_3H^-$	Phospho-	P-
Weak cation exchangers		
$-COO^-$	Carboxy-	C-
$-CH_2COO^-$	Carboxymethyl-	CM-
Strong anion exchangers		
$-CH_2N^+(CH_3)_3$	Trimethylaminomethyl-	TAM-
$-C_2H_4N^+(C_2H_5)_3$	Triethylaminoethyl-	TEAE-
$-C_2H_4N^+(C_2H_5)_2CH_2CH(OH)CH_3$	Diethyl-2-hydroxypropylaminoethyl	QAE-
$-O-CH_2-CHOH-CH_2-O-CH_2-CHOH-CH_2-N+(CH_3)_3$	Quaternary ammonium	Q
Weak anion exchangers		
$-C_2H_4N^+H_3$	Aminoethyl-	AE-
$-C_2H_4N^+H(C_2H_5)_2$	Diethylaminoethyl-	DEAE-
$-(C_2H_4N^+H_2)nC_2H_4NH_3$	Polyethyleneimine-	PEI-
$-CH_2-C_6H_4-N^+H_3$	Para-aminobenzyl-	PAB-

② 젤 여과 수지(gel filtration resin)

단백질의 크기(size)와 모양(shape)에 의해서 분리하는 방법으로 젤 수지(gel resin)의 기공(pore) 크기에 따라서 분리하고자 하는 단백질이 젤로 충진된 칼럼을 통과할 때 젤에 뚫린 구멍(pore)을 통과하는 단백질과 그 구멍을 통과할 수 없는 단백질 사이에 용출되는 시간이 달라지게 되어서 분리가 된다. 젤 수지 자체는 전하를 띠고 있지 않아서 분리하고자 하는 단백질의 전하와는 무관하다는 점이 이온 교환법과 다른 점이다. 또한 이 방법은 단백질 복합물(protein complex)의 분석과 분리에 흔히 사용하는 방법 중의 하나이다. 분리하고자 하는 단백질의 크기(size)를 알면 젤 수지 선정에 유용하다. 표 4-11은 젤 수지(gel resin) 선정에 대한 정보를 보여 준다.

표 4-11 젤 수지 종류.

젤 수지 종류	분리 범위 (단백질-평균 분자량)	분리 범위 (덱스트란 평균 분자량)
Superdex 30	1×10^4 까지	
Superdex 75	$3 \times 10^3 - 7 \times 10^4$	$5 \times 10^2 - 3 \times 10^4$
Superdex 200	$1 \times 10^4 - 6 \times 10^5$	$1 \times 10^3 - 1 \times 10^5$
Superose 6	$5 \times 10^3 - 5 \times 10^6$	1×10^6 까지
Superose 12	$1 \times 10^3 - 3 \times 10^5$	3×10^3 까지
Sephacryl 100	$1 \times 10^3 - 1 \times 10^5$	
Sephacryl 200	$5 \times 10^3 - 2.5 \times 10^5$	$1 \times 10^3 - 8 \times 10^4$
Sephacryl 300	$1 \times 10^4 - 1.5 \times 10^6$	$2 \times 10^3 - 4 \times 10^5$
Sephacryl 400	$2 \times 10^4 - 8 \times 10^6$	$1 \times 10^4 - 2 \times 10^5$
Sephadex G-10	7×10^2 까지	7×10^2 까지
Sephadex G-15	1.5×10^3 까지	1.5×10^3 까지
Sephadex G-25	$1 \times 10^3 - 5 \times 10^3$	$1 \times 10^2 - 5 \times 10^3$
Sephadex G-50	$1 \times 10^3 - 3 \times 10^4$	$5 \times 10^2 - 1 \times 10^4$
Sephadex G-75	$3 \times 10^3 - 8 \times 10^4$	$1 \times 10^3 - 5 \times 10^4$
Sephadex LH-20	$< 5 \times 10^3$	

③ 친화성 수지(affinity resins)

분리하고자 하는 단백질 또는 생체 고분자가 어떤 특정한 화합물과 강한 결합을 형성한다는 사실을 알면, 그 리간드를 칼럼 수지에 결합시키고, 그 리간드가 결합된 수지를 칼럼에 충진시킨 후에, 분리하고자 하는 단백질 용액을 통과시키면 해당 단백질은 충진된 수지에 결합하게 하고, 그 리간드와 무관한 다른 단백질은 모두 용출하게 된다. 단지 한 단계로 분리하고자 하는 단백질을 정제할 수 있는 방법이다. 분리하고자 하는 천연의 단백질이 아래에 열거한 리간드와 무관할 경우에도 유전 공학의 기술을 이용하여, 분리하고자 하는 단백질의 유전자와 아래에 열거한 리간드와 결합을 하는 단백질의 유전자를 융합시켜서 대장균이나 효모에서 발현시킨 후, 이곳에서 얻어진 융합 단백질을 동일한 방법에 의해 리간드에 결합시켜서 다른 단백질로부터 분리한다. 이후에 그 융합 단백질을 특정한 효소(예: 트롬빈, Factor Xa)를 사용하여 두 단백질 분해 자리(proteolytic site)를 자른 후에 다시 동일한 칼럼을 통과시키면 리간드와 결합을 하는 단백질은 칼럼에 결합되고, 분리하고자 하는 단백질은 리간드와 무관하여 칼럼에서 용출되므로 두 단백질을 분리할 수 있게 된다. 이와 같은 원리를 이용하여 많은 양의 단백질을 순수하게 그리고 짧은 시간 내에 정제하는 이 방법을 최근에는 많은 연구자들이 사용하고 있다.

표 4-12 친화성 수지 종류.

적용 단백질	리간드	Column material 명
GST에 융합된 단백질	Glutathione	Glutathione Sepharose 4B
Histidine-tagged proteins	Ni2+	Ni Sepharose 6
Protein A에 융합된 단백질	IgG	IgG Sepharose 6
Biotin에 융합된 단백질	Streptavidin	Streptavidin Sepharose
Restriction endonucleases	Heparin	Heparin Sepharose 6
mRNA	Oligo(dT)	Oligo(dT)-Cellulose 4B
Nucleic acids from plants	Polyuridylic acid	Poly(U) Sepharose 4B
Ribosomal RNA	L-Lysine	Lysine Sepharose 4B

④ 투석막(dialysis sack)

단백질을 분리·정제하는 과정에서 서로 다른 여러 개의 칼럼을 사용할 때 단백질이 담긴 완충 용액을 교환해야 하며 이 경우 투석막(dialysis sack)을 사용하게 된다. 투석막(dialysis sack)에 사용하는 막(membrane)의 기공 크기(pore size)의 선택은 분리·정제하고자 하는 단백질의 크기와 모양에 의존한다.

3) 시 약

① 단백질 분리·정제에 흔히 사용되는 완충 시약: 단백질은 여러 개의 전하를 띨 수 있는 작용기를 가진 생체 고분자로서 온도와 pH의 변화에 민감하다. 다음은 단백질 분리·정제에 흔히 사용하는 완충제의 화합물을 표시하였다.

1) 황산 암모늄: 단백질의 침전제로 사용하며 세포를 파쇄하여 원심 분리한 후 상등액에 황산 암모늄을 이용하여 분획 침전시켜서 관심 있는 단백질을 분리하는 데 흔히 사용한다.

2) 싸이올 화합물(thiol compounds: 2-mercaptoethanol, dithiothreitol): 관심 있는 단백질이 홀수 개의 시스테인을 가지고 있을 경우 -SH group을 산화되지 않게 보호하기 위하여 분리 전 과정의 완충 용액에 1~2 mM의 싸이올 화합물을 넣어준다.

표 4-13 일반적으로 사용되는 대표적 완충 용액의 pKa 값 및 pH 범위.

유효 pH 범위	pKa 값(25℃)	완충 용액 제조에 흔히 사용되는 화합물
1.7 - 2.9	2.15	phosphate(pK_1)
2.2 - 3.6	2.35	glycine(pK_1)
2.2 - 6.5	3.13	citrate(pK_1)
2.5 - 3.8	3.14	glycylglycine(pK_1)
3.0 - 4.5	3.75	formate
3.0 - 6.2	4.76	citrate(pK_2)
3.6 - 5.6	4.76	acetate
5.0 - 7.4	6.27	cacodylate
5.5 - 6.7	6.10	MES
5.5 - 7.2	6.40	citrate(pK_3)
5.8 - 7.2	6.46	bis-tris
5.8 - 8.0	7.20	phosphate(pK_2)
6.0 - 8.0	6.35	carbonate(pK_1)
6.1 - 7.5	6.76	PIPES
6.2 - 7.6	6.87	MOPSO
6.2 - 7.8	6.95	imidazole
6.3 - 9.5	6.80, 9.00	BIS-TRIS propane
6.5 - 7.9	7.14	MOPS
6.8 - 8.2	7.48	HEPES
7.0 - 8.3	7.76	triethanolamine(TEA)
7.5 - 8.9	8.25	glycylglycine(pK_2)
7.5 - 9.0	8.06	Trizma(tris)
7.6 - 9.0	8.26	BICINE
8.5 - 10	9.23, 12.74, 13.80	borate
8.6 - 10	9.50	CHES
8.8 - 10	9.78	glycine(pK_2)
9.5 - 11	10.33	carbonate(pK_2)
10 - 13	12.33	phosphate(pK_3)

3) 이디티에이(EDTA, ethylenediaminetetraacetic acid): 분리·정제할 단백질이 금속 이온에 의해서 활성도가 저해를 받을 경우 킬레이터인 EDTA를 분리·정제 완충 용액에 넣어 준다.

4) 소듐도데실설페이트(SDS, sodium dodecyl sulfate): 슬래브 젤 전기영동에 사용되는 화합물로서 단백질 변성제로 사용하며 단백질의 크기(size) 분석에 유용하다.

5) 프로타민설페이트(protamine sulfate): crude extract에서 핵산을 분리하기 위하여 사용하며, protamine sulfate가 핵산을 침전시키는 성질을 이용한 것이다.
6) 단백질 분해효소 억제제인 PMSF(phenylmethylsulfonyl fluoride): Protease inhibitor로서 분리·정제할 단백질의 가수분해를 방지시키기 위하여 정제 완충용액에 1~2 mM을 넣어 준다.
7) 쿠마시 블루(comassie blue): 단백질을 염색하는 데 사용한다.

2 활성도 측정

분리 · 정제하려고 하는 단백질이 효소일 경우에는 그 효소의 활성도를 측정하고, 정제 단계별로 효소의 비활성도(specific enzyme activity)를 계산하여 정제 정도를 알아볼 수 있다. 활성도 측정에 흔히 사용되는 장비는 자외선-가시광선 분광 측정 기기(UV/VIS-spectrophotometer)이다. 예를 들어, Ribonuclease T_1(RNase T_1)은 RNA 염기 서열의 G 다음을 가수분해하는 효소이다. 효소는 특정한 기질과 반응하여 기질을 생성물로 변환시키는 촉매제의 기능을 수행한다는 것은 이미 앞에서 언급한 바 있다. 그리하여 효소 RNase T_1의 기질은 GpA, GpC 혹은 GpU가 될 수 있다. 이들 기질은 RNase T_1에 의해서 Gp와 A, Gp와 C 혹은 Gp와 U로 가수분해된다. 이런 가수분해 과정은 자외선-가시광선 분광 측정 기기(UV/VIS-spectrophotometer)를 사용하여 258 nm의 파장에서 반응 속도론 적인 측정(변수: pH의 변화, 온도 변화 등)이 가능하다.

단백질의 활성도는 자외선-가시광선 분광 측정 기기(UV/VIS-spectrophotometer)뿐만 아니라 단백질과 리간드 또는 단백질과 단백질의 상호작용(interaction)은 광산란(light scattering)을 이용하여 분자량이나 모형의 달라짐을 측정할 수 있고, 생화학 실험실에서는 전기영동 장치를 이용한 retardation gel을 이용하거나, 칩(chip)에 단백질을 고정하여 칩에 반응할 가능성이 있는 물질을 흘려 보내어서 상호작용 정도를 측정할 수도 있다(Biacor 실험). 이런 실험들을 통하여 단백질의 활성도를 측정하며 분리·정제하려는 목적의 단백질을 확인하고 SDS-PAGE를 이용하여 그 순도(purity)를 점검한다.

3 단백질 분리·정제의 실제적인 예

RNase T_1은 extracellular endonuclease로서 재조합 기술에 의해 RNase T_1의 유전자를 함유한 대장균을 배양액에 넣어 37℃에서 배양한다. OD_{600} 값이 0.5에 도달하면 유전자의 발현을 유도하기 위하여 IPTG(isopropyl-β-D-thiogalactoside)를 넣어 준 후 2~3시간 동안 계속 배양시킨다. 이때 대장균에서 발현되는 단백질(RNase T_1)도 세포 밖으로 분출되어 배양액으로 대부분 분출된다. 그리하여 원심분리를 통해 세포와 배양액으로 분리한 후 배양액에 황산 암모늄을 넣어 분획 침전시킨다. 분획 침전물을 분리·정제에 사용하고 있는 완충 용액으로 녹여서 그 분획의 일부분을 취하여 활성도 조사를 하여 어느 분획에 분리·정제하려는 대상 단백질(RNase T_1)이 들어 있는가를 확인한다(0~50% 황산 암모늄(w/v) 분획, ② 활성도 측정항 참조).

50% 황산 암모늄의 분획 침전을 소량(5~7 mL)의 분리 완충 용액(10 mM Tris-HCl, 2 mM $CaCl_2$, pH 7.5)에 녹여 투석막(dialysis sack)에 넣은 후 동일한 완충 용액으로 여러 번(4~5번) 교환(2시간마다)하며 투석시킨다. 투석시킨 시료를 Mono Q-이온 교환 수지를 충전하여 분리 완충 용액으로 평형화시킨 칼럼(지름: 3 cm, 높이: 30 cm)에 흘러 내려서 RNase T1을 이온 교환 수지에 결합시킨 후에 0~0.5 M NaCl로 gradient를 걸어서 분리시키고 활성분획을 모아서 G-75(지름: 2 cm, 높이: 100 cm)를 사용하여 분리하면 SDS-PAGE상에서 단일 띠를 보이는 정제도(purity)를 가진 RNase T_1을 분리·정제할 수 있다.

1. 이대운; 이원; 김영상; 김택제, "기기분석" *대한교과서주식회사*(1986).
2. "이온 크로마토그래피" *화신기계상사*(1989).
3. 최용화; 김명조; 임요섭; 한성수, "천연물 화학" *동화기술, 동경대학출판회*(2001).
4. "HPLC의 원리와 응용" *영인과학*(1993).
5. "GPC 이론 및 응용" *영인과학*(1994).
6. C. F. Jr. Wilcox; M. F. Wilcox, *Experimental Organic Chemistry*, 2nd ed. Prentice-Hall(1995).
7. F. Colin; K. Poole Salwa, "Chromatography Today" *Elsevier*(1991).
8. G. E. Schulz; R. H. Schirmer, "Principles of Protein Structure" *Springer-Verlag*(1993).
9. L. R. Snyder, "Introduction to Modern Liquid Chromatography" *A Wiley-Interscience Publication*(1979).
10. R. M. Roberts; J. C. Gilbert; L. B. Rodewald; A. S. Wingrove, *Mordern Experimental Organic Chemistry*, 3rd ed. Top-Press(1982).

11. Robert K. Scopes, "Protein Purification: Principles and Practice" *Springer-Verlag Third Edition*(1993).
12. Roe; Simon, "Protein Purification Techniques: A Practical Approach" *Oxford Univ Pr.*(2001).
13. Skoog; Holler; Nieman, "Principle of Instrumental Analysis" *Brooks/Cole* (1998).

005 종합 실험

실험 1 HPLC-ELSD를 이용한 인삼에서의 주요 성분 추출 및 정량 분석

► 시료 준비

1. 인삼을 깨끗이 세척하고 건조한다.
2. 건조된 인삼을 1 cm 정도로 자른다
3. 자른 인삼 시료 5 g을 80% 메탄올 100 mL로 80℃에서 1시간씩 3회 반복 환류 추출을 한다.
4. 인삼추출액을 60℃에서 감압농축한다.
5. 농축물을 증류수 50 mL에 녹인 후, 분액 깔때기에 옮기고 물이 포화된 *n*-뷰탄올 50 mL를 첨가하여 약 30분간 격렬하게 흔들어 준 뒤 방치한다.
6. 분액 깔때기에서 두 층이 완전히 갈라지고 나며, 수층과 유기 용매층을 각각 분리·분취한다.
7. 수층은 다시 물포화 *n*-뷰탄올 50 mL로 2회 반복하여 추출한다.
8. 물포화 *n*-뷰탄올층을 모아 증류수 30 mL씩 2~3회 세척한 후, 물이 포화된 *n*-뷰탄올을 감압 농축한 후 메탄올 5 mL에 녹인다.
9. 녹인 액을 0.45 μm 막거르개(membrane filter)로 여과한다.
10. 여과된 액의 일부를 분석용 HPLC에 주입한다.
11. 각 성분 피크의 머무름 시간(retention time)과 분리도를 근거하여 분취용 HPLC 조건을 잡는다.

12. 여과된 액을 분취용 HPLC에 주입하여 분취하고자 각 유효 성분을 분획 분취기(fraction collector)를 이용하여 모은다.
13. 이동상이 포함된 분취된 각 성분을 감압 증발하여 용매를 제거한 뒤 보관한다.

► HPLC 실험 조건

(분석용 HPLC 조건)

1. 이동상의 조성은 solvent A(H_2O)와 solvent B(ACN)이며, gradient 조건은 (time,%B),(0,20),(30,40),(40,90),(45,100),(60,100),(65,20)으로 맞춰 놓는다.
2. 유속은 1.0 mL/min로 놓고, 시료 20 μL를 주입한다.
3. 칼럼: C_{18} 250 mm × 4.6 mm, 5 μm

(분취용 HPLC 조건)

1. 이동상의 조성은 위와 같다.
2. 유속은 3.0 mL/min이며, 시료 300 μL를 주입한다.
3. 칼럼: C_{18}, 250 mm × 10 mm(길이/지름), 5 μm 충전제 크기

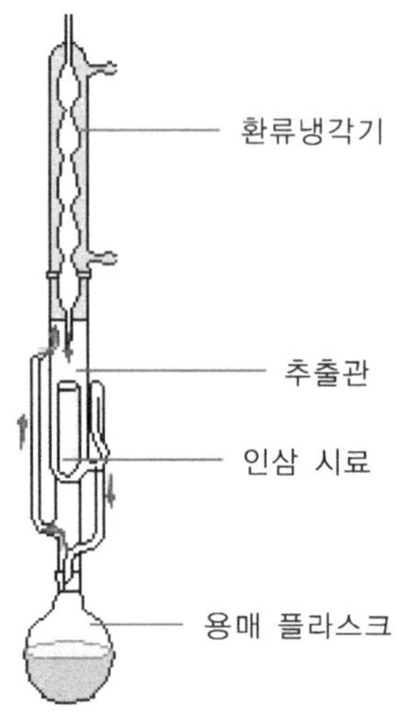

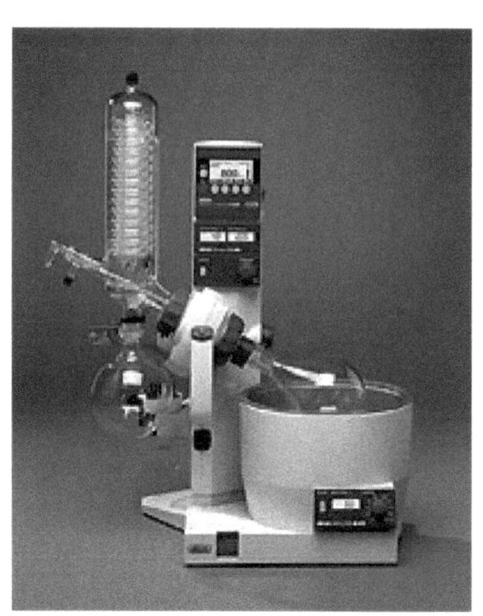

그림 5-1
인삼 주성분 추출을 위한 환류 추출기(왼쪽) 및 진공 감압 장치(오른쪽).

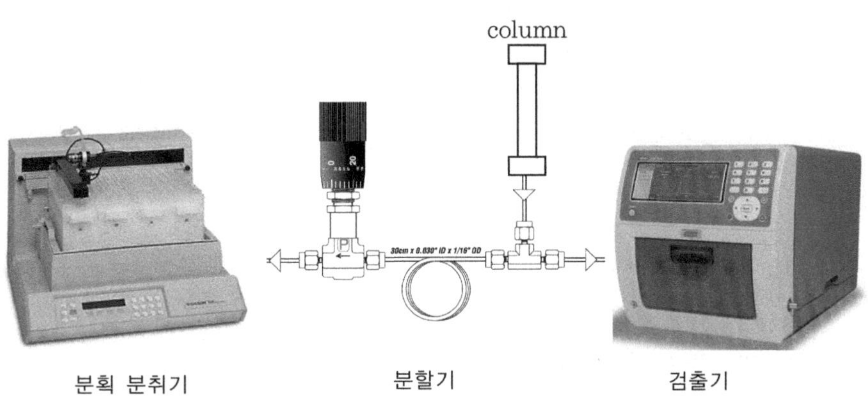

그림 5-2
인삼의 주요 성분 분취를 위한 일반적인 분취용 HPLC 시스템.

- 분석용에서 분취용 HPLC으로의 시료 규모의 확대 시는 다음의 식을 사용한다. 이 때 일정한 선형의 흐름 속도를 유지하는 것이 중요하다.
  큰 질량/작은 질량 = (큰 칼럼의 반경/작은 칼럼의 반경)^2
  (예) 20 mg/2 mg = (큰 칼럼의 반경/0.5 cm)^2

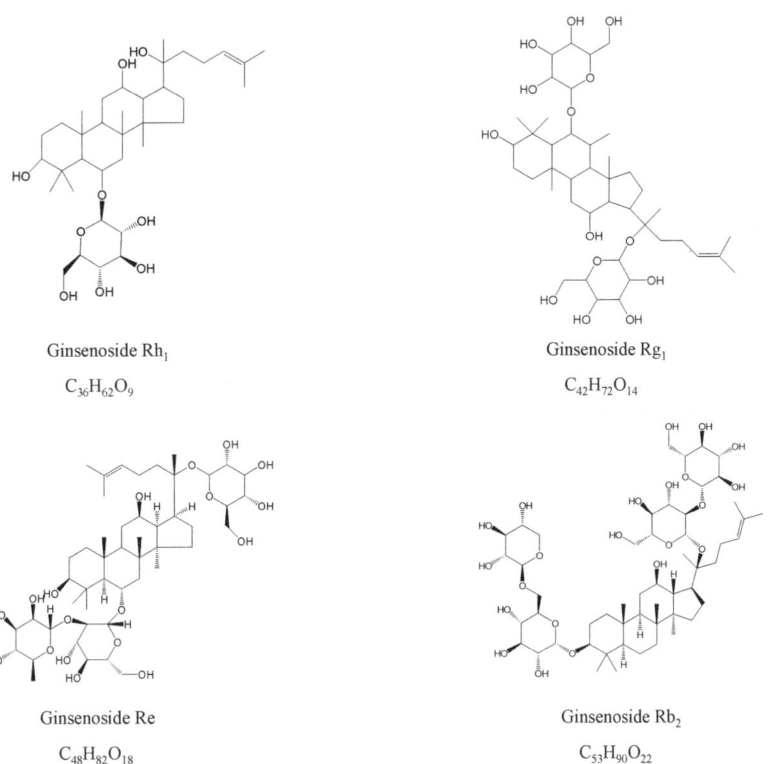

그림 5-3
인삼의 대표적 지표 성분인 Ginsenoside의 화학 구조 예.

실험 2 GC/MS를 이용한 마늘의 방향 성분 추출 및 분석

► 시료 준비

1. 마늘을 깨끗이 세척한다.
2. 마른 수건으로 물기를 제거한다.
3. 마늘을 두께 2 mm로 얇게 자른다.
4. 얇게 자른 마늘을 60℃에서 3시간 건조시킨다.
5. 둥근바닥 플라스크에 다이에틸에테르(diethyl ether) 100 mL를 담는다.
6. 속슬렛 추출기의 추출관에 건조시킨 마늘 100 g을 넣는다
6. 속슬렛 추출기를 이용하여 60℃에서 12시간 동안 추출한다.
7. 추출한 시료를 GC/MS로 찍기 전까지 -18℃에 보관한다.

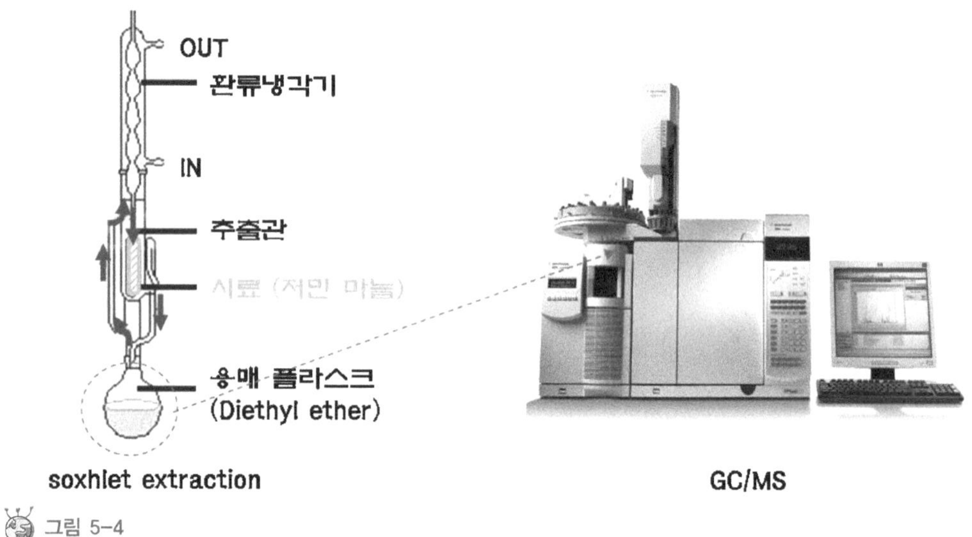

그림 5-4
마늘의 성분 분석을 위한 추출 장치와 GC/MS의 그림.

► 마늘의 방향 성분 분석을 위한 GC/MS 조건

1. 마늘 추출액을 0.45 μm membrane filter로 여과한다.
2. 여과액 1 mL를 GC에 주입한다.
3. 이때 GC의 조건은 다음과 같다: 칼럼, DB-5 ms, 30 m×0.25 mm ID×0.25

mm film thickness: 칼럼의 고정상, 5% phenyl equivalent polysilphenylene-siloxane.

4. 온도 프로그램을 다음과 같이 조절한다.

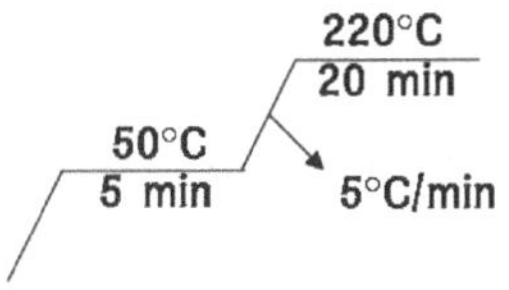

220°C
20 min
50°C
5 min
5°C/min

주입 온도, 230℃; 검출기 온도, 250℃

5. 운반 기체로 수소를 사용하여 흐름 속도를 분당 0.8 mL로 맞춘다.

► 마늘의 방향 성분 표준 물질 예

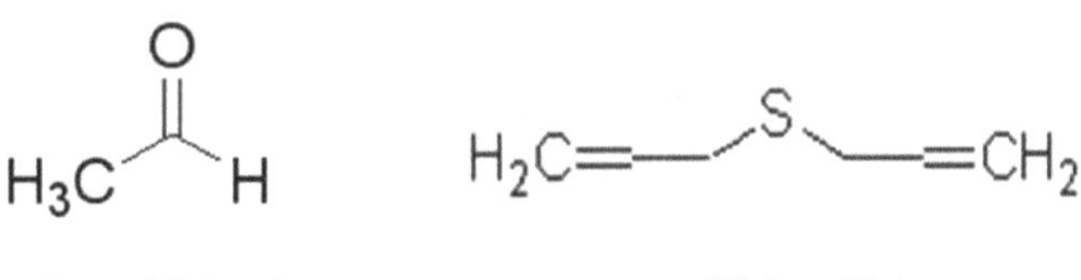

Acetaldehyde	Allyl sulfide
MW: 44.05	MW: 114.21
bp: 21°C	bp: 138°C

그림 5-5
마늘의 대표적인 지표 성분의 화학 구조 예.

► 마늘의 방향 성분 데이터 분석

1. 시료의 표준물을 농도별로 각각 5개를 준비하여 GC/MS 실험을 한다.
2. 준비된 마늘 시료의 방향 성분 추출 시료를 찍어본다.
3. 각각의 표준물에 대한 표준 검정 곡선을 그리고, 미지의 마늘 시료에 대해 방향 성분의 농도를 정량한다.

실험 3 GC-MS를 이용한 쑥(Artemisia Montana) 중의 방향 성분 정량 분석

► 시료 준비: 쑥의 방향 성분 추출

1. 동결 건조된 쑥 10 g을 속슬렛 추출기의 추출관에 넣는다.
2. 둥근바닥 플라스크에 증류수 300 mL를 담는다.
4. 200℃에서 4시간 상압 증류한다.
5. Dichloromethane과 상압 증류된 시료를 1:1로 섞는다.
6. Separator funnel을 이용하여 유기층을 분리한다.
7. Vacuum evaporator를 이용하여 감압 농축시킨다.
8. Dichloromethane 1 mL로 희석시킨다.
9. GC/MS로 찍기 전까지 -18℃에 보관한다.

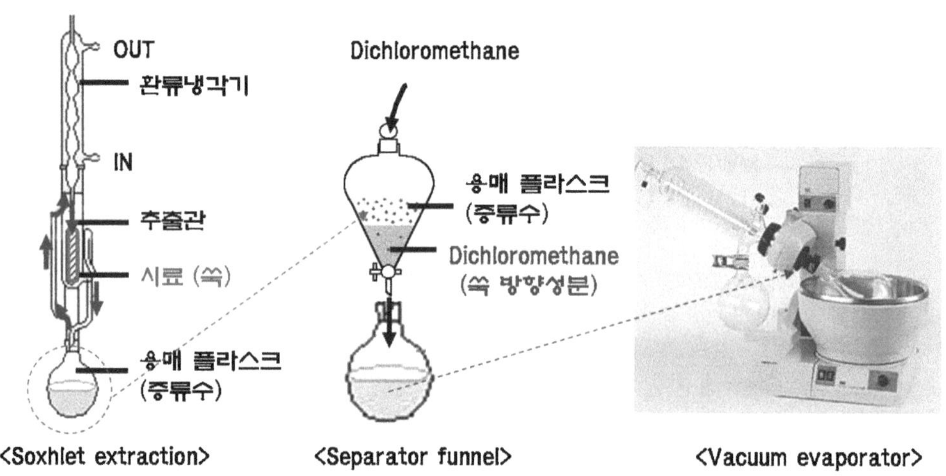

그림 5-6
쑥의 방향 성분 분석을 위한 추출 장치 및 GC/MS 그림.

► 쑥의 방향 성분 분석을 위한 GC/MS 조건

1. Sample 1 mL injection(Column DB-5 ms, 30 m×0.25 mm ID×0.25 mm film thickness: 5% phenyl equivalent polysilphenylene-siloxane)
2. Temperature

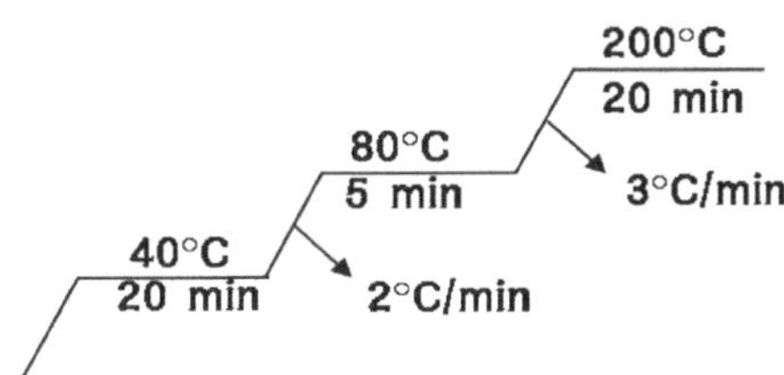

3. Injector temperature, 230℃
4. Detector temperature, 250℃
5. Carrier gas, He gas
6. Flow rate, 0.8 mL/min

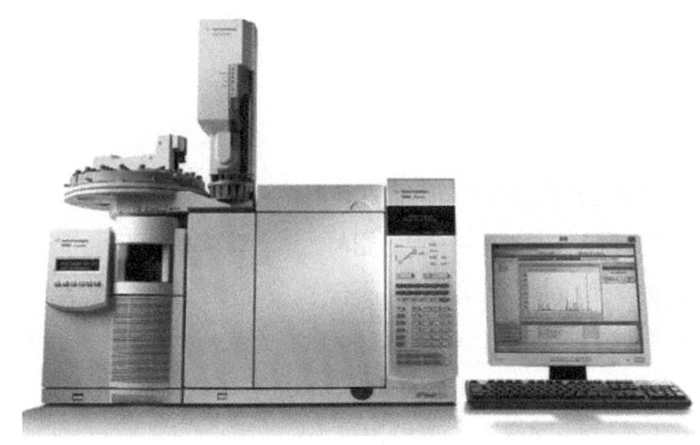

그림 5-7 쑥의 방향 성분 분석을 위한 GC/MS 그림.

<GC/MS>

► 쑥의 방향 성분 표준 물질 예

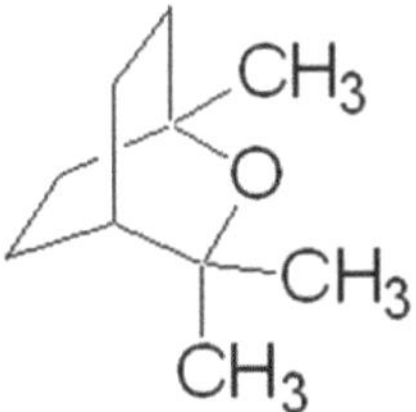

그림 5-8 쑥의 방향 성분 중 몇몇 지표 성분의 화학 구조식.

1,8-Cineole	Camphor	Borneol
Mw: 154.25	Mw: 152.23	Mw: 154
bp: 176-177°C	bp: 204°C	bp: RT

► 쑥의 방향 성분 중 주요 성분의 정량

1. 시료 중 분석하고자 하는 화합물의 표준물을 농도별로 각각 5개씩 제조하여 GC/MS에 주입한다.
2. 각각의 표준물에 대한 농도에 따른 피크의 면적을 평균±표준편차(n = 5)를 이용하여 검정 곡선을 작성한다.
3. 작성된 검정 곡선에 대해 직선의 상관 관계 방정식을 구한다.
4. 시료 쑥의 방향 성분 추출 시료를 각각 3개씩 준비하여 GC/MS에 주입한다.
5. 얻어진 분석 성분의 피크 면적을 가지고 검정 곡선의 방정식을 이용하여 미지시료의 양을 정량한다.
6. 데이터를 정리하고 해석한다.

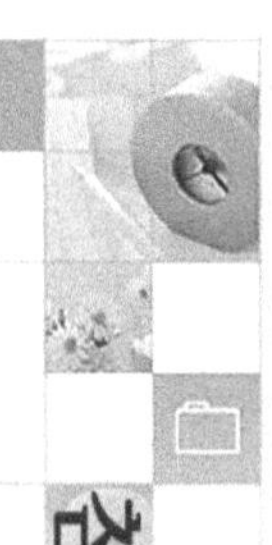

참고문헌

1. 홍희도; *한국작물학회지* 49, 146(2004).
2. 김세원; 황석연; 고영수; 유종명; 김시관, *J. Ginseng Res.* 22, 284(1998).
3. 한성태; 황완균; 김일혁; 양병욱; 조순현; 고성권, *약학회지* 49, 490(2005).
4. 신지영; 최언호; 위재준, *Korean J. Food SCI. Technol.* 38, 166(2001).
5. M. K. Park; J. H. Park; S. B. Han; Y. G. Shin; I. H. Park, *Journal of Chromatography A* 736, 77(1996).
6. 김지연; 이화진; 김지선; 안한나; 류재하, *약학회지* 49, 80(2005).
7. S.-K. Oh et. al., "Study on The Flavour of Garlic Extract" *Korean J. Food SCI. Technol.* 25, 593(1993).
8. H.-S. Seong et. al., "생마늘과 무취마늘의 휘발성 향기 성분의 비교" *Agricultural Chemistry and Biotechnology* 40, 451(1997).
9. C.-N. Yoon et. al., "참쑥의 방향 성분" *Korean J. Food SCI. Technol.* 20, 774(1988).
10. K. H. Row et. al., "Extraction and Purification of Eupatilin from Artemisia Princeps PAMPAN" *Journal of the Korean Chemical Society* 49, 196(2005).
11. I.-D. Yoo et. al., "Isolation and Identification of Flavonoids from Ethanol Extracts of Artemisia Vulgaris and Their Antioxidant Activity" *Korean J. Food SCI. Technol.* 31, 815(1999).

찾아보기

ㄱ

ㄴ

ㄷ

ㄹ

ㅁ

ㅂ

ㅅ

ㅇ

D

E

F

G

H

I

L

M

N

O

P

천연물 추출 및 분리 분석

-Natural Substance Extract and Separation Analysis-

| 저　　자　강성호 · 이영아 · 오혁근 · 최희욱 · 황기준
| 발 행 인　김지영
| 발 행 처　자유아카데미
| 주　　소　경기도 파주시 회동길 37-42
　　　　　파주출판도시
| 전　　화　031-955-1321
| 팩　　스　031-955-1322
| 홈페이지　www.freeaca.com
| 전자우편　main@freeaca.com(대표)
　　　　　editor@freeaca.com(편집)
　　　　　crm@freeaca.com(영업)
| 등　　록　제406-2003-017호, 1980. 7. 12
| 제1판1쇄　2007년 7월 31일 발행
| 제1판8쇄　2019년 8월 25일 발행
| 정　　가　12,000원

저자와의
협의하에
인지생략

ISBN 978-89-7338-642-0 93430